高校本科生
审辩性思维培养研究

主　编　黄华飞
副主编　胡　杰　房　京

北　京
冶金工业出版社
2022

内 容 提 要

本书阐述了审辩性思维的本质内涵，分析了审辩性思维与本科生核心素养间的内在联系，梳理总结了普通高校学生审辩性思维培养经验，利用测量工具对多所院校本科生进行了抽样测评，分析了高校本科生的审辩性思维现状，剖析了内在问题，从宏观教育理念、中观院校管理及微观课堂教学三个层面提出加强审辩性思维培养的对策措施。

本书可供高等院校从事学生思维培养的教师、管理和研究人员阅读参考。

图书在版编目（CIP）数据

高校本科生审辩性思维培养研究／黄华飞主编 . —北京：冶金工业出版社，2022.4
ISBN 978-7-5024-9079-9

Ⅰ.①高⋯　Ⅱ.①黄⋯　Ⅲ.①大学生—辩证思维—思维方式—培养—研究　Ⅳ.①B811.07

中国版本图书馆 CIP 数据核字（2022）第 039876 号

高校本科生审辩性思维培养研究

出版发行	冶金工业出版社	**电　　话**	（010）64027926
地　　址	北京市东城区嵩祝院北巷 39 号	**邮　　编**	100009
网　　址	www.mip1953.com	**电子信箱**	service@mip1953.com

责任编辑　张熙莹　郭雅欣　美术编辑　彭子赫　版式设计　禹　蕊
责任校对　郑　娟　责任印制　禹　蕊
北京虎彩文化传播有限公司印刷
2022 年 4 月第 1 版，2022 年 4 月第 1 次印刷
710mm×1000mm　1/16；8 印张；156 千字；118 页
定价 49.00 元

投稿电话　（010）64027932　投稿信箱　tougao@cnmip.com.cn
营销中心电话　（010）64044283
冶金工业出版社天猫旗舰店　yjgycbs.tmall.com
（本书如有印装质量问题，本社营销中心负责退换）

本书编委会

主　　编　黄华飞

副主编　胡　杰　房　京

编　　委　张　阳　赵文婷　陈贝贝

　　　　　刘　敏　丁玉霞　朱晓萌

前　言

　　审辩性思维是指一个人对某一现象或问题进行谨慎仔细的论证，进而做出有依据的判断和评价。审辩性思维能力是一种复杂的、高阶的认知能力，这种能力主要包含两个方面，一是审辩性思维倾向，二是审辩性思维技能。当今社会生活日益多元化，尤其是新兴自媒体的蓬勃发展，人们获得信息的数量呈指数级增长，但信息质量却难以把握。如果无法对获得的信息进行分析、整合并对其权威性、合理性作出判断，将影响人们对客观事实作出抉择，甚至被错误信息误导。

　　我国古代先哲的训导中就包含了丰富的审辩性思维思想。孟子的心性修养论在一定程度上强调人的思维独立性与创新性；荀子的"性恶"论和"礼制"学说彰显了显著而卓越的审辩性思维倾向。但客观地讲，审辩性思维在我国并没有真正意义的形成、发展、应用，相较于国外已将审辩性思维广泛应用于医学、教育学、管理学等领域而言，我国审辩性思维仍存在理论研究不深、实证研究不足等问题。

　　本书共分七章。第一章为绪论，主要阐述了选题依据、研究意义、研究综述等内容。第二章为审辩性思维本质内涵的诠释，主要解释了审辩性思维的概念，分析了审辩性思维的表征导向，剖析了审辩性思维的结构构成。第三章内容为核心素养视域下高校本科生审辩性思维，重点分析了审辩性思维与核心素养之间的内在联系。第四章为普通高校审辩性思维培养经验总结，从理论研究与教育实践两个方面进行概述。第五章为某高校本科生审辩性思维现状测量及问题分析，主要对审辩性思维倾向和技能得分表现及两者之间的相关关系进行数理统计，并对数据反映出的问题进行分析。第六章提出了由宏观到微观的高校本科生审辩性思维培养的改进策略和路径，从树立审辩性思维教育理念、构建院校审辩性培养体系、变革课堂教学三个方面提出一系列建议措施。第七章对本书存在的局限略作分析，并对未来研究方向做一己之见。

　　由于作者水平所限，书中的不足之处，敬请广大读者批评指正。

作　者

2021 年 10 月

目　　录

第一章　绪论 ………………………………………………………… 1

　第一节　概述 ……………………………………………………… 1

　　一、社会发展的必然要求 ………………………………………… 1

　　二、教育改革的根本需求 ………………………………………… 2

　　三、教学实践的应然突破 ………………………………………… 2

　　四、现实问题的亟待解决 ………………………………………… 3

　第二节　研究意义 ………………………………………………… 3

　　一、理论意义 ……………………………………………………… 3

　　二、实践意义 ……………………………………………………… 4

　第三节　研究综述 ………………………………………………… 4

　　一、国外研究综述 ………………………………………………… 4

　　二、国内研究综述 ………………………………………………… 8

　第四节　研究内容及研究思路 …………………………………… 9

　　一、研究内容 ……………………………………………………… 9

　　二、研究思路 ……………………………………………………… 9

　第五节　研究方法 ………………………………………………… 10

　　一、文献研究法 …………………………………………………… 10

　　二、问卷调查法 …………………………………………………… 10

　　三、专家咨询法 …………………………………………………… 11

　　四、统计分析法 …………………………………………………… 11

　参考文献 …………………………………………………………… 11

第二章　审辩性思维本质内涵 …………………………………… 13

　第一节　概念界定与辨析 ………………………………………… 13

　　一、思维 …………………………………………………………… 13

　　二、审辩性思维的多元界定与共识 ……………………………… 14

　　三、审辩性思维与相关思维辨析 ………………………………… 15

　　四、审辩性思维的认知误区 ……………………………………… 17

第二节　表征导向 ……………………………………… 18

一、独立性导向 ………………………………………… 18

二、主动性导向 ………………………………………… 19

三、反思性导向 ………………………………………… 19

四、理性导向 …………………………………………… 20

五、创新性导向 ………………………………………… 20

第三节　结构构成 ……………………………………… 21

一、FRISCO 单级模型 ………………………………… 21

二、美国哲学的双维模型 ……………………………… 21

三、Paul 和 Elder 的三元结构模型 …………………… 23

参考文献 ………………………………………………… 24

第三章　核心素养视阈下的高校本科生审辩性思维 ……… 25

第一节　核心素养的内涵与特征 ……………………… 25

一、核心素养的内涵 …………………………………… 25

二、核心素养的特征 …………………………………… 29

第二节　高校本科生核心素养 ………………………… 30

一、新时代高校本科生发展的时代背景及要求 ……… 30

二、新时代高校本科生培养遵循的原则 ……………… 31

三、新时代高校本科生核心素养构成 ………………… 32

第三节　审辩性思维与核心素养的内在联系 ………… 33

一、国际组织和世界各国将审辩性思维纳入"核心素养" … 33

二、我国学生发展核心素养与审辩性思维的内在联系 … 34

三、高校本科生核心素养与审辩性思维间的内在联系 … 34

第四章　普通高校学生审辩性思维培养经验分析 ………… 36

第一节　国外普通高校审辩性思维培养经验分析 …… 36

一、积极回应社会发展的需求 ………………………… 36

二、积极争取机构组织的支持 ………………………… 36

三、积极进行课程与教学改革 ………………………… 37

四、积极争取政策支持 ………………………………… 37

第二节　国内普通高校审辩性思维培养经验分析 …… 38

一、重视理论研究 ……………………………………… 38

二、强化教学实践 ……………………………………… 39

三、加强社会推广 ……………………………………… 39

参考文献 ……………………………………………………………… 40

第五章　高校本科生审辩性思维现状测量及问题分析 …………… 41

第一节　调查目的、方法与工具 ………………………………… 41

一、调查目的 ………………………………………………… 41

二、调查方法与工具 ………………………………………… 41

第二节　问卷适用性分析 ………………………………………… 43

一、预试问卷分析 …………………………………………… 43

二、确定正式问卷 …………………………………………… 46

第三节　调查对象 ………………………………………………… 48

一、审辩性思维倾向预测卷调查对象 ……………………… 48

二、审辩性思维倾向实测卷调查对象 ……………………… 49

三、审辩性思维技能问卷调查对象 ………………………… 49

第四节　审辩性思维能力问卷数据分析 ………………………… 50

一、高校本科生审辩性思维倾向分析 ……………………… 50

二、高校本科生审辩性思维技能分析 ……………………… 61

三、审辩性思维倾向与审辩性思维技能相关性分析 ……… 66

第五节　调查结论 ………………………………………………… 69

第六节　原因探析 ………………………………………………… 71

参考文献 …………………………………………………………… 74

第六章　高校本科生审辩性思维培养的改进策略和路径 ………… 75

第一节　树立审辩性思维教育理念 ……………………………… 76

一、突出思维教育，重视思维能力发展 …………………… 76

二、提倡个性化教育，满足学生差异化需求 ……………… 77

三、摒弃灌输式教育，引导学生主动探究 ………………… 78

第二节　构建院校审辩性思维培养体系 ………………………… 78

一、构建学生审辩性思维培养目标体系 …………………… 79

二、优化审辩性思维培养课程设置与实施 ………………… 80

三、增强审辩性思维师资力量 ……………………………… 83

四、强化审辩性思维培养效果的督导与检查 ……………… 84

第三节　变革课堂教学 …………………………………………… 85

一、重塑教学过程 …………………………………………… 85

二、优化教学模式 …………………………………………… 86

三、科学选择教学方法 ……………………………………… 88

四、创设支持性教学环境 ……………………… 90

五、强化教学评价效力 ……………………… 92

参考文献 ……………………………………… 95

第七章 未来研究与展望 ………………………… 96

第一节 研究工作中存在的问题 ……………… 96

第二节 审辩性思维发展展望 ………………… 96

附录 …………………………………………………… 98

后记 …………………………………………………… 118

第一章　绪　　论

围绕21世纪培养什么样的人才这一关键问题，世界各国纷纷研制构建人才核心素养框架，均将审辩性思维列入其中。紧跟世界潮流，我国于2016年发布《中国学生发展核心素养》框架，明确将审辩性思维列为学生核心素养之一。目前，高校对本科生审辩性思维的研究关注度不足，对其审辩性思维现状认识不清，相应的教学实践开展不够，也没有进行有针对性的设计，在某种程度上，制约了本科生自身的发展，甚至影响了院校教学质量。系统分析审辩性思维理论内涵，深刻剖析审辩性思维与本科生核心素养间的内在联系，通过调查探讨本科生审辩性思维现状，准确把握存在的问题，进而提出有针对性的对策措施，对于提高高校本科生培养质量，增强学生发展潜力具有十分重要的理论价值和现实意义。

第一节　概　　述

一、社会发展的必然要求

社会学家萨姆纳[1]说："思维的审辩性习惯要成为社会的常规，必须遍及其所有风俗，因为它是对付生活难题的一个方法，是一种智力习性和力量，是我们反对错觉、欺骗、迷信以及误解我们自己和现实环境的唯一保证。"萨姆纳将审辩性思维的作用上升到关系人类福祉的高度，足见其重要性。回顾人类发展史尤其是近代科学发展史不难发现，只有具备了审辩性思维才能有意识地审视人类的过去与现在，才能在理性的反思中发现问题，寻求突破，进而为未来发展提供科学的支撑。曾经，"知识就是力量"，今后，"思维"也是力量并且是力量之源。当前社会变革速度之快，力度之大，涉及之广，要求人们具备应对其复杂变化的能力，显然单一的知识或技能难以满足这种能力要求。审辩性思维作为获得知识和掌握技能的高阶思维能力，为人类应对复杂变化的世界提供了保障。例如，大数据是我们这个时代的重要标识之一，在大数据时代，信息总量日益增加，传播速度不断加快，应用程度逐渐加深，每个人都可轻而易举地获得大量信息，但信息的正确性与精准性却难以得到高质量的保证。因此，当前我们更关注的是学习者如何获取知识，获取怎样的知识以及对所获知识的甄别与重组。对于高等教育而言，如果学生不具备审辩性思维，就很容易淹没于信息浪潮之中，甚至被虚假信息蒙蔽了双眼，限制了自身的发展。总而言之，我们所处的时代是竞争与合作、全球化与逆全球化的时代，同时也是需要分析、判断、抉择的时代，我们比任何时候都需要审辩性思维，它是我们生存和发展中基本的、必须的和关键的要素。

二、教育改革的根本需求

教育作为社会的子系统，社会需求的变化为教育改革提供了方向指引。当前，深化教育领域综合改革已进入深水区，围绕教育理念与思想、教育制度与机制、专业设置与培养方案等各项改革措施正在落地实施。人是教育的对象，无论何种改革都是为了促进人的发展，这种发展既包括物的尺度，也包括精神的尺度，尤其是促进人的思维发展，这在有关教育政策文件中表现较为明显。审辩性思维的兴起和深化正是在教育改革中逐渐发展起来的。早在 1998 年，联合国教科文组织发表的《面向 21 世纪高等教育宣言：观念与行动》，其第九条"教育方式的革新：审辩性思维和创造性"中明确指出，教育与培训的使命是培养学生的审辩性和独立态度。2015 年，联合国教科文组织在《2030 年教育：迈向全纳、公平、有质量的教育和全民终身学习》中明确提出，未来的教育要确保所有人具备审辩性思维能力[2]。在 2016 年，经济合作与发展组织（OECD）启动的"关键能力的界定与选择"项目中，将立足于审辩性立场展开思考与行动的能力作为反思性思维的核心要求。在美国企业界与教育界共同提倡的"21 世纪型能力"中，将审辩性思维列为四大能力之一。2016 年 9 月在我国教育部颁布的《中国学生发展核心素养》中的科学精神素养条目中明确提出培养学生审辩性思维，要求学生应具有问题意识、能独立的思考和判断[3]。上述系列教育政策文件充分凸显了审辩性思维能力培养的突出地位。审辩性思维是一个人终身发展的必备品质和关键能力。审辩性思维的培养也理应是各项教育改革的重中之重，将审辩性思维的培养纳入教育改革之中，是一种趋势，也是一种必然结果。

三、教学实践的应然突破

当前，深化本科教学改革正全面铺开，教学文化、师生关系、知识体系、教学方式手段等各要素正在进行新的重构。一方面，在教学实践的变革来看，目前系列教学改革实践是对原有教学生态的一种全面突破与改革。在教学目的上，将"立德树人"作为教学的根本目的；在学习观上，强调求实创新；在教学内容体系上，注重多学科、宽领域的融合知识；在教学过程上，更加关注能力与素养的提升。从本书本科教学改革相关研究中，可以看出思维教育正受到前所未有的重视。就审辩性思维而言，审辩性思维教育所强调的怀疑精神、求证能力、表达能力等是对传统教学中"知识为上""教师为上""讲授为上"等理念与方法的突破。另一方面，从审辩性思维教学实践来看，审辩性思维作为舶来品，相较西方关于审辩性思维的研究而言，国内研究理论构建尚不完善，实证研究并不充足，实践展开极不充分。第一，在审辩性思维理论研究方面，虽然国内学者已经关注到西方审辩性思维的内涵、课程的建构方法与评测工具等方面，但多以理论辨析研究为主，缺少大量的实证研究作为有效支撑。第二，在审辩性思维教学实践方面，目前我国尚未将审辩性思维列入高等教育人才培养体系，据相关统计，截至2018年，全国高校开设审辩性思维相关课程仅有100多所，且不同学校之间开设课程内容和结构差异比较大，课程体系、组织管理、教学方法和课程评价等还有待完善与提升[4]。在上述情况下，如何结合我国教学实践对审辩性理论进行完善与突破成为重中之重。反观西方的研究，审辩性思维的培养已经深入到学科建设、专业培养、课堂教学、教师发展等各个方面。因此，如何将审辩性思维真正的运用到教学之中，如何在教学之中培养学生的审辩性思维应该成为教学实践的重要关点。

四、现实问题的亟待解决

目前，高校对审辩性思维的理论探讨、实证测量及具体培养实践研究不够，本科生审辩性思维培养还面临不少问题，主要包括两个方面：一是审辩性思维意识尚未真正树立起来，教师往往习惯于按照书本知识大规模"生产"知识技能的熟练者，而忽略了从所学内容的价值与意义层面培养具有核心技能的"高素养者"。学生习惯于接受标准，对权威人士的言论、书本上的知识照单全收，缺乏理性质疑的精神和审辩性思考的技能。二是审辩性思维相关课程设置仍停留在个别的零散探索，未形成冲击现有教学内容与方式的力量，在审辩性思维培养上还没有形成完整的课程教学体系。

第二节 研究意义

一、理论意义

（1）支撑发展新型高素质人才核心素养体系。本书从人才培养需求入手，探索高素质人才核心素养的本质内涵，剖析审辩性思维与本科生核心素养之间的内在联系，是对高校人才核心素养体系的探索和发展，具有显著的理论价值。

（2）丰富和发展新时代高等教育理论。行业教育理论的发展，总是要与时代需求相适应。新时代经济社会发展发生了前所未有的变化，高等教育必须紧跟改革的步伐，不断更新理论和做法。本书瞄准高校本科生成长发展，剖析核心素养相关理论，将审辩性思维这一关键要素引入人才培养的全过程，是对高校教育理论的丰富和发展。

（3）促进高校审辩性思维培养理论发展。审辩性思维的研究、教育实践已经在其他国内外高校如火如荼地进行了几十年，国外同类高校已经将审辩性思维能力培养列入人才培养目标，并有针对性地进行课程设计和教学模式改革。本书在借鉴国内外经验做法的基础上，利用比较成熟的测量工具，对多所高校本科生审辩性思维进行了测评，掌握了本科生审辩性思维现状，进而分析存在问题，提出有针对性的改进策略，为行业院校审辩性思维培养理论发展提供有力支撑。

二、实践意义

本书以相关教育理论为基础，以专业领域现实需求为指导，以成熟的审辩性思维测量工具为手段，对高校本科生审辩性思维现状进行调查，在此基础上，分析高校本科生审辩性思维存在的问题，有针对性地提出审辩性思维培养改进策略。本书着眼高等教育现实问题进行的实证性探索，为下一步加强本科生审辩性思维培养奠定了基础，具有十分重要的实践指导意义。

第三节　研究综述

做好研究综述是课题研究的基础。本书认为审辩性思维有着丰富而系统的理论研究与实证研究体系，因此，这一节主要通过国外和国内两个视角，对审辩性思维的概念、培养策略、测评工具等核心要素进行评述，明晰审辩性思维研究体系，为后续研究奠定基础。

一、国外研究综述

（一）审辩性思维概念的演进

梳理相关文献，审辩性思维概念的发展大致经历了以下四个阶段[5]：

（1）萌芽阶段（1910～1939年）。美国哲学家、教育家杜威（John Dewey）提出的反省性思维被学术界普遍认为是审辩性思维发轫的标志。杜威在论述反省性思维的过程提出了"非审辩性思维"一词，杜威指出："如果对所提议的东西立刻接受，我们就有非审辩的思维；在心中反复考虑、反省，意味着搜寻发展那个提议的另外的证据、新事实，或者证实它，或者使它的荒谬和不相干更为明显。"[6]在杜威看来反思性思维是一种能动、持续思考与求证并不着急做出判断的过程。杜威最大贡献在于确定了审辩性思维的态度是谨慎的思考，始于敢于提问，在细致的理性探究过程中做到谨慎断言。

（2）发展阶段（1940～1961年）。格拉泽（Edward M. Glaser）在借鉴杜威的

观点基础之上，首先提出审辩性思维这一学术用语，格拉泽在《审辩性思维发展的实验》一书中具体化了审辩性思维的概念：倾向于以深思的方式对人的经验范围内发生的难题和问题进行考虑的态度；逻辑探究和推理方法的知识；运用这些方法的某种技能[7]。格拉泽较杜威进步的是将审辩性思维的定义具体细化为态度、知识和技能三部分，之后的研究基本上是对这三部分的延伸和细化，这为后续学者的研究奠定了基础。

（3）深化阶段（1962~1979年）。随着心理学发展，尤其认知心理学、行为心理学对审辩性思维研究产生了重要影响。认知心理学认为审辩性思维是一组运算的过程，并将其规范化、程序化。审辩性思维是分析事实、生成和组织想法、辩护意见、做出比较、得出推断、评估论证和解决问题的能力[8]。行为心理学将自我反省、自我调节与监控引入到审辩性思维的研究当中，突出了在审辩性思维研究中自我指向的重要性。在此阶段，皮亚杰的认知发展理论和布鲁姆的教育目标分类理论均对审辩性思维的研究产生了重大影响。

（4）成熟阶段（1980年至今）。随着美国审辩性思维运动的高涨，对审辩性思维的研究达到了一个新的高潮。1990年，46位美国和加拿大专家共同发表的《审辩性思维：一份专家一致同意的关于教育评估的目标和指示的声明》中指出审辩性思维的核心为：解释、分析、评价、推论、说明和自我调节[9]。

纵观审辩性思维的研究历程，不难发现审辩性思维的概念是一个不断演进并日趋丰富的过程。从最初对假设验证的重视，到内涵逐渐细化，再到心理学介入，到最后达成一定共识，虽然众多专家从不同的研究视角提出了一系列在某一时间段广为引证的解释，但是我们从众多研究中可以得出一些普遍的共识：第一，绝大部分学者认为审辩性思维由思维技能和思维倾向两部分构成；第二，审辩性思维研究强调反省的作用；第三，审辩性思维是包括内在主动的思考、基于标准的合理判断、科学有效的决策等因素。

（二）审辩性思维培养的策略

随着对审辩性思维理论研究的不断深化，西方学者不断致力于将审辩性思维付诸教学实践中，通过注重顶层指导，强化课程设置，变革教学方法等多种途径，提高学习者的审辩性思维能力。

（1）强化顶层指导。1998年，联合国科教文组织在《面向21世纪高等教育宣言：观念和行动》中提出：高校必须培养学生能够审辩性思考和分析社会问题，寻求问题解决方案……，使学生掌握在多元文化背景下必备的有效表达能力、创新和审辩性分析能力、独立思考和团队合作能力。这是首次在国际层面以文件的形式阐述审辩性思维的重要性。此后各国根据教育实际制定了一系列审辩性思维培养目标。1993年，克林顿政府签署全国性教育改革法案《2000年目标：

美国教育法》，明确要培养学生的审辩性思维；自 2003 年以来，澳大利亚把审辩性思维作为毕业生技能评价的四个关键元素之一，包含在《墨尔本宣言》中；2005 年欧盟制定的《终身学习核心素养：欧盟参考框架》明确将 "审辩性思维" 作为贯穿于八大核心素养的共同能力；2013 年，日本国立教育研究所构建的 "21 世纪型能力" 中将审辩性思维能力列为思考力的重要组成部分，并且思考力居于核心地位。

（2）分类设置课程。目前国外学术界认为审辩性思维课程可分为独立课程、融合课程、综合性课程三种类型。独立性课程侧重于教授学生基本的有关审辩性思维的原理、技巧等知识。例如，斯坦福商学院开设的 "审辩性分析思考" 课程，课程以研讨班的形式进行，每次都会提前设定一个主题，要求学生围绕主题撰写文章并在课堂上参与讨论，写作和课堂表现将占到学生最终成绩的 80%[10]。融合性课程是将审辩性思维培养融入具体学科中，通过潜移默化的课堂教学，来强化大学生的审辩性思维训练。例如，加州大学洛杉矶分校的英语系课程主要包括一般课程、核心课程和选修课程，这些课程除了注重学生基础知识的掌握之外，还侧重于学生思维的训练。在 "语言和社会" 的主题课程中旨在探讨语言和各种社会问题包括种族阶级和性别的关系，使学生能够审辩性地看待和分析这种关系[11]。西北理工大学在通识教育 "英语和交流" 课程中将四分之一的课时用于学生审辩性思维的培养。综合性课程可以将单独思维技能教学与学科中的思维教学结合起来，提高了审辩性思维培养的质量与效率。马里兰大学在为大一新生开设的 "大学导论" 中开展审辩性思维教育，帮助学生尽快适应大学生活与学习，相当于我国高校大一新生的 "入学教育"。

（3）变革教学方法。有代表性的教学方法有苏格拉底问答法、反省认知法、案例教学法、辩论法、会议法等。如，理查德·保罗（Richard Paul）和埃尔德（Elder）[12,13]对在教学中如何采用苏格拉底问答法进行了细致的研究；有学者在美国某高中的几个班开展苏格拉底研讨会，以此来提高学生的审辩性思维水平[14]；威伦等人（W. W. Wilen）[15]对反省认知法进行了深入探究；根特（V. W. Gantt）[16]对案例教学法进行了研究；布朗（Brown）等人[17]提倡把有效的课堂辩论作为高中教师教授解决问题能力的一种工具；培根（C. S. Bacon）[18]对课程会话法进行了研究。值得一提的是，近些年的研究也取得新的进展。例如，模拟教学法；运用反馈以增加学生课堂反应的数量和质量；重视鼓励学生，加强学生间的相互作用；利用网络课程来解决实际问题。

（三）审辩性思维测评的工具

国外学者在讨论怎样界定审辩性思维概念的同时，对如何有效测量审辩性思维能力展开了深入研究。根据 Stewart、Baker、Ennis、Facione 等人分别在

1979 年、1981 年、1986 年、1987 年和 1990 年对已有问卷的汇总，其结果显示：从数量上看，审辩性思维问卷多达 69 种，其中正式出版发行的有 38 种；从时间跨度看，正式发行的 38 种问卷是在 1979~1995 年之间完成的；从适用的测量群体上看，涵盖了四五岁的儿童到成年人[18]。通过相关文献分析可知，从问卷类型来看，客观性问卷与主观性问卷兼具；在问卷综合程度来看，多以综合性问卷为主，但也存在一定量的专项性问卷；从量化程度来讲，定性、定量分析均有涉及。种类繁多的测验工具（见表 1-1）反映了测评工具的丰富性与复杂性。

表 1-1 审辩性思维工具汇总表

类型	问卷名称	适用人群	测试类型
客观性问卷	华生·格拉泽的《审辩性思维评价》	成年人或高年级的中学生	40 道选择题，计算机在线考试，35~40min
	恩尼斯、米尔曼的《康奈尔审辩性思维测验：X 水平》	4~14 年级学生	选择题，用时 30min 左右
	恩尼斯、米尔曼的《康奈尔审辩性思维测验：Z 水平》[19]	大学生、成年人或高中生	选择题、纸笔考试共 52 题，52min
	法乔恩等人的《加利福尼亚审辩性思维倾向问卷》（CCTDI）	大学生或高年级的中学生	选择题，70 道量表题
	法乔恩等人的《加利福尼亚审辩性思维技能测试》（CCTST）	大学生或高年级的中学生	34 道选择题
主观性问卷	《恩尼斯—韦尔审辩性思维作文测验》	高中生	分析性协作，基于一篇给定的样靶文章进行评价
	轶钦纳的《反省判断面谈》		语言为英语，对结构不良问题的判断
	《推理和表达评价测验》		收集证据、证明论点
主客观相结合	《哈珀恩审辩性测评》	青少年、成年人	客观题 30 题，主观题约 5 题，用时 50~60min
	《美国教育考试服务中心能力测试》		主要考察分析、推理等能力，用时 1h
	美国教育援助理事会开发的大学学习评估考试（Collegiate Learning Assessment，CLA）	大学生	考查学生通用能力，模块化测试供用户选择，包括批判性思维、阅读能力、写作能力

二、国内研究综述

（一）审辩性思维研究进程概况

从 20 世纪 80 年代至今，我国关于审辩性思维的研究大致分为三个阶段。

第一阶段，翻译引入阶段。在此阶段，国内关于审辩性思维的研究表现为对国外的研究成果作一般性翻译介绍。例如，姜丽容等人翻译的美国学者约翰·查菲著的《审辩性思维》；丁邦平[20]翻译了兰迪·加里森关于审辩性思维过程以及审辩性思维与成人教育关系的文章；朱新秤[21]介绍了霍尔普恩（Diane. F. Halpern）关于审辩性思维教学模式的思想。

第二阶段，理论解释阶段。在这一阶段，我国研究者开始对审辩性思维作出一系列本土化解释。罗清旭在《论大学生审辩性思维的培养》一文中阐释了审辩性思维的性质及结构，分析和讨论了怎样才能使审辩性思维训练取得更好的实效等问题。刘儒德教授在《审辩性思维的意义和内涵》文章中揭示了审辩性思维的内涵，阐明了审辩性思维与智力、逻辑思维的关系，并指出了审辩性思维在当前教育中不受重视的现象和原因，阐述了审辩性思维的理论意义和现实意义。

第三阶段，教学实践阶段。这一时期主要表现是审辩性思维研究与学科教学的联系日益密切。如钟启泉在《审辩性思维及其教学》一文中指出在教学过程中要从学生比较熟悉的主题中，培养学生的审辩性思维；要提供各种不同的材料，进行反复练习；要创设良好的审辩性思维课堂气氛[22]。近年来，许多一线教师结合自己的教学实践对审辩性思维的认识和培养提出了自己的观点：如河北师范大学的刘其知的《数学审辩性思维与试误教学的探索》、燕山大学王海龙的《论审辩性思维在教育中的培养》、河南大学曹玉华的《论审辩性思维在中学数学教学中的建构》等。当前，国内关于审辩性思维学术研究日趋活跃。以 CNKI 为检索工具，以审辩性思维为检索主题，自 2000~2019 年，文献统计结果如图1-1 所示。

图 1-1　审辩性思维文献统计

第四节　研究内容及研究思路

一、研究内容

研究内容共分为六个部分。

第一部分为绪论。主要阐述了课题的背景，论述了课题研究的理论意义和现实意义，描述总结了审辩性思维研究现状，概述了课题研究方法。

第二部分为审辩性思维的本质内涵。界定了审辩性思维的定义，并与创新性思维、惯性思维等相近概念进行了辨析，又进一步剖析了审辩性思维的结构、特征，为后续章节开展审辩性思维研究奠定基础。

第三部分为核心素养视阈下的审辩性思维研究。论述了核心素养的来源、概念、特征，剖析了高校本科学生核心素养，探索分析了审辩性思维与本科学生核心素养间的内在联系。

第四部分为普通高校学生审辩性思维培养经验分析。主要分析了国外普通高校和国内普通高校学生审辩性思维培养的经验。

第五部分为行业院校本科生审辩性思维现状测量及问题分析。本书采用《加利福尼亚审辩性思维倾向问卷》和《加利福尼亚审辩性思维技能测试》工具，对多所院校本科生进行了抽样测评，区分年级（一年级与四年级）、学生类型（A类学生与B类学生）对测评数据进行分析，反映出了高校本科生审辩性思维整体不高的现状，并针对存在的相关问题原因进行了剖析。

第六部分为高校本科生审辩性思维培养的改进策略和路径。根据测评结论，结合院校人才培养目标、办学实践，以及所处的体制环境和文化氛围，从宏观教育理念层面、中观院校管理层面及微观课堂教学层面三个层面提出相关建议，以期提高高校本科生审辩性思维培养质量。

二、研究思路

本课题研究坚持以问题为导向、以实践为落脚点、理论思辨与经验实证相结合的基本思路，可形成如图1-2所示的整体设计框架图。

一、绪论	选题依据、研究意义、研究综述、研究方法
二、审辩性思维的本质内涵	概念、相近概念、结构、特征
三、核心素养视阈下的高校人才审辩性思维	核心素养的内涵 高校人才的核心素养 审辩性思维与核心素养间的内在联系
四、普通高校本科生审辩性思维培养经验分析	国外普通高校审辩性思维培养经验分析 国内普通高校审辩性思维培养经验分析
五、高等院校审辩性思维现状测量及问题分析	调查目的、调查方法及工具、调查对象 数据分析、结论及原因探析
六、高等院校审辩性性思维培养的改进策略和路径	调查目的、调查方法及工具、调查对象 数据分析、结论及原因探析

是什么？

为什么？

怎么办？

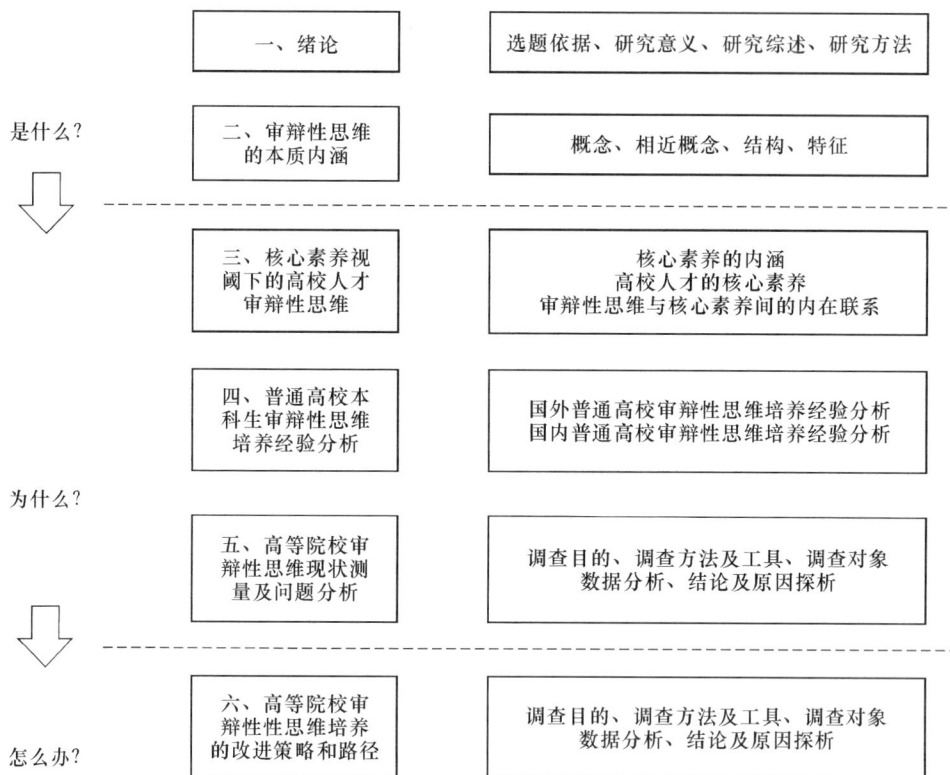

图 1-2　课题研究的框架结构

第五节　研究方法

本书在研究方法上注重理论思辨与实证研究相结合，根据研究需要运用量化研究与质性研究两种方式。具体而言，在资料和数据收集上，主要采用文献检索、问卷调查的方式；在资料和数据分析处理上，主要通过 SPSS25.0 软件，运用了描述性统计、方差分析、t 检验、多元回归分析数据处理方法。

一、文献研究法

本书首先对国内外有关审辩性思维能力及其评价已发表的研究成果进行分析和比较，全面了解了审辩性思维的概念界定、审辩性思维的思维能力评价、影响审辩性思维能力的因素、审辩性思维能力的培养策略等现状，以此作为本书的基础和出发点，提出了本书要重点解决的问题。

二、问卷调查法

高校本科生审辩性思维能力到底如何，通过文献研究、文本分析的方法得不到确切的答案。本书采用权威性较高的《加利福尼亚审辩性思维倾向问卷》和《加利福尼亚审辩性思维技能测试》两套问卷作为测评工具。

三、专家咨询法

如何提高研究的科学性、高效性，本书采用了专家咨询法。首先确保研究路径正确性，如果在研究思路上出现了偏差，很难保证研究结果的可靠性和有效性。因此，在对审辩性思维的文献进行梳理以后，从概念的界定到问卷的设置，不断通过电话、微信等方式向专家征求修改意见。

四、统计分析法

本书中多次运用频数统计、均值统计、t检验、方差分析等统计分析法，通过对数据资料的统计和分析来得出有关结论。

参 考 文 献

[1] 王磊，常立涛. 论审辩性思维的逻辑特征 [J]. 广东工业大学学报 (社会科学版)，2016 (12)：23~25.

[2] 熊建辉，臧日霞，杜晓敏. 迈向全纳、公平、有质量的教育和全民终身学习——《教育 2030 行动框架》之前言、愿景、理念与原则 [J]. 世界教育信息，2016 (1)：9.

[3] 教育部.《中国学生发展核心素养》[J]. 上海教育研究，2016 (10)：85.

[4] 黄存良，通识课程视阈下大学审辩性思维课程设计研究 [D]. 上海：上海师范大学，2019.

[5] 武宏志. 批判性思维：多视角定义及其共识 [J]. 延安大学学报 (社会科学版)，2012 (1)：5~14.

[6] Dewey J. How we thing [M]. Boston，New York and Chicgo：D. C. Heath，1910.

[7] Glaser E. An experiment in the development of critical thinking [M]. New York：Advanced school of Education at teachers College，Columbia Universtiy，1941.

[8] Paul Chance. Thinking in the classroom a survey of program [M]. New York：Teachers College，Columbia university，1986.

[9] Facione Peter A. Critical thinking：a statement of expert consensus for purposes of educational assessment and instruction. Research Findings and Recommendations [J]. Eric Document Reproduction Service，1990：3.

[10] 于勇，高珊. 美国大学生审辩性思维培养模式及启示 [J]. 现代大学教育，2017 (4)：63.

[11] 刘琼琼. 美国研究型大学审辩性思维培养研究 [D]. 上海：华东师范大学，2017.

[12] Paul R，Elder L. Critical thinking and the art of close reading (Part Ⅰ) [J]. Journal of Developmental Education，2004，28 (2)：36~39.

[13] Elder L，Paul R. Critical thinking and the art of close reading (Part Ⅱ) [J]. Journal of Developmental Education，2004，27 (3)：36~37.

［14］Cuny C. What is the value of life? and other socratic questions ［J］. Educational Leadership, 2004 (3)：58.

［15］Wilen W W, Phillips J A. Teaching critical thinking：a metacognitive approach ［J］. Social Education, 1995, 59 (3)：135~138.

［16］Gantt V W. The case method in teaching critical thinking ［J］. Case Method, 1996：12.

［17］Brown E A. Effectively teaching critical thinking skills to high school students ［J］. Class Activities, 1997：18.

［18］Follman J, Lavely C, Berger N. Invertory of instruments of critical thinking ［J］. Informal logic, 1996, 18 (2)：261~267.

［19］Hirayama R, Tanaka Y, Kawasaki M, et al. Development and evaluation of a critical thinking ability scale from cornell critical thinking test level Z ［J］. Japan Journal of Educational Technology, 2010：441~448.

［20］兰迪·加里森. 审辩性思维与成人教育 ［J］. 丁邦平, 译. 安徽师大学报, 1994 (2)：185~193.

［21］朱新秤. 审辩性思维的教学与迁移 ［J］. 教育研究与实验, 1999 (1)：42~46.

［22］刘儒德. 审辩性思维及其教学 ［J］. 高等师范教育研究, 1996 (4)：65~66.

第二章　审辩性思维本质内涵

古希腊哲学家苏格拉底有一句名言，"我教不了别人任何东西，我只能促使他们思考"。思考，是人类的基本需要和重要特征，我们每天都在思考，但如何正确思考却不是一件简单的事情，例如偏见、盲从、歪曲、顽固等错误认识在日常生活中屡见不鲜。我们如何规避思维能力缺陷，审辩性思维是一剂良药。审辩性思维是一种独特的思维方式，本章主要诠释了审辩性思维的概念、分析了审辩性思维的表征、讨论了审辩性思维的结构，以期为后续研究奠定基础。

第一节　概念界定与辨析

审辩性思维的重要性已无需赘言，那么如此重要的审辩性思维究竟是什么？当前学术界尤其是国外学者对审辩性思维概念尚未得出一致结论。审辩性思维的概念受社会、文化、环境等方面的影响，不断丰富发展。本节从思维的概念入手，通过比较审辩性思维与创新性思维、习惯性思维、非逻辑性思维、辩证性思维的联系与区别，结合前人研究经验，对审辩性思维的概念作出界定。

一、思维

作为人类认识改造世界的基本方式之一，不同的学科研究视角对思维概念的诠释不尽相同。思维在哲学学科中被界定为与存在相对立的哲学概念，恩格斯认为"全部哲学，特别是近代哲学基本的问题，是思维和存在之间关系的问题[1]。"心理学学科认为思维是"人脑对客观事物能动的、间接的和概括的反映，它是在社会实践基础上进行的[2]。"在教育学科中更强调思维对教育的作用，例如美国教育家约翰·杜威（John Dewey）将思维分为三种形式即概念、判断和推理，思维的根本作用是要保持怀疑心态并进行系统的和持续的探索。

综合相关文献研究，本书认为，思维是在通过观察、感知觉和记忆提供感性材料的基础上，通过分析、综合、推理等方式理性的认识事物内部规律和联系，实现对事物客观本质认知。

二、审辩性思维的多元界定与共识

（一）关于 critical thing 中文翻译的问题

审辩性思维作为一舶来品，其英文为 critical thing（以下简称 CT），但学术界关于 CT 是否翻译成审辩性思维尚存在争议。目前 CT 这一术语多被译成批判性思维、审辩性思维、思辨能力等。武宏志教授[3]主张将 CT 译为批判性思维一词，并通过对汉语"批"与"判"两词的词源分析，认为将 critical 译为"批判的（性）"反映了这个英语词的本义，也与该词的希腊词源相一致。谢小庆教授[4]主张将 CT 翻译为审辩性思维。在维基百科汉语版中采用的是"审辩性思维"的译法。在本书中，将 critical thing 译为审辩性思维一词。原因在于在汉语语境中"批判"包含判断和否定之意，容易产生理解上的偏差，真正意义上的"批判"不仅要进行理性质疑和否定，还要基于事实依据进行分析判断，故本书采用"审辩性思维"。为避免与参考文献产生矛盾，本文在引用原文和引文中仍然使用"批判性思维"，而英文原文"critical thinking"统一译作"审辩性思维"，本书中两种说法通用。

（二）审辩性思维概念的辨析

在国外研究综述部分，已对审辩性思维的演进过程进行了阶段性的描述。纵观研究者对审辩性思维概念的界定，一般有哲学、心理学、教育学三个路向。在哲学家那里，尤其是非形式逻辑和审辩性思维之间的天然联系（比如推理的严谨性、理由的充分性、结论的可靠性等），使得哲学家更倾向于把审辩性思维定义为一种解释概念或理念、合理论辩的能力。加拿大审辩性思维与非形式逻辑研究学者约翰逊把审辩性思维定义为：以适当的标准或规范，判断一个智力产品，包括信念、理论、假设、新报道和论证。费舍尔与斯克里文[5]认为，审辩性思维是"熟练地、能动地解释和评估观察、交流、信息和论辩"。在审辩性思维哲学理论影响下，论证逻辑在相当大的程度上作为审辩性思维的工具而存在。随着心理学的发展，特别是认知心理学的进步，心理学家更愿意把审辩性思维解释为解决问题的一组程序。问题解决的过程是从目前困惑状态转向求得理想结果的过程，在此过程中除了思维技巧还需要人格特质。心理学家认为论证技巧是审辩性思维的必要成分，但还需要一些个体审辩性思考的精神、意愿或态度。保罗认为，审辩性思维是积极地、熟练地解析、应用、分析、综合、评估支配信念和行为的那种信息过程。塞格尔[6]认为，一个审辩性思维者是一个"依据理由而采取行动的人"，这个行动包括两个成分，一是恰当评估理由的能力，二是将一个人的行为和信念置于理由之上的意愿、渴望和意愿。教育家对审辩性思维的可教性有着浓厚的兴趣，关心如何使学习者成为审辩性思维者的问题并建议将审辩性思维的培养与社会环境紧密地联系起来。

通过以上论述，让我们感觉到对一个应用范围广阔、研究视角多样的概念做出一个唯一的解释是困难的。正是鉴于审辩性思维定义的杂乱性，美国哲学学会通过46名各领域专家，历时两年的研究，最终对审辩性思维的概念得出一致性描述即审辩性思维是有目的的、自我校准的判断。这种判断表现为解释、分析、评价、推断以及对判断赖以存在的论据、概念、方法、标准或语境的说明。

审辩性思维虽属舶来品但对其理解仍然要遵循其本质内涵。本书认为审辩性思维包括思维技能和思维倾向两部分，审辩性思维是以敢于质疑的态度为开端，对某一现象或问题解决过程进行谨慎的仔细的推理论证及评价，进而得出有效结论的过程。

三、审辩性思维与相关思维辨析

（一）审辩性思维与创新性思维

作为人类认知过程中的两种思维方式，虽然统一于破旧立新的要求下，但两者既有不同又密切联系。从时间角度看，审辩性思维更倾向于对过去、现有的审辩，对已存在的理论、知识重新验证与考量；创新思维侧重于对未来的重构、谋划；从两者目标来看，审辩性思维的目的在于促使我们思考我们的思想、观念背后的依据是否合理有效，进而通过理由、推理和结论等基本要素构造和判断好论证。创新性思维目的在于形成新颖性、适切性的思维产品。

两者的联系表现在：审辩性思维是创新思维形成的前提，创新思维是审辩性思维的目的与归宿[7]。第一，通过审辩性思维获得的知识是创新的必要支撑。建构主义知识观强调，知识是由认知的主体通过质疑、审辩、反思等一系列认知活动主动建构起来的，通过自我建构（自我建构的过程也必然包括审辩性鉴别、吸收的过程）获得知识才是创新活动需要的知识。第二，审辩性思维是提出有价值问题的前提，数千年的理论与实践创新已经证明一切创新行动始于问题的提出。审辩性思维是将问题的静态性、潜在的、无序的转变成动态的、外显的、有序的状态。创新思维同样对审辩性思维的养成意义重大，对其起着导向作用。英国心理学家格雷厄姆·沃拉斯将创新思维过程包含四个阶段，即准备阶段、酝酿阶段、明朗阶段和验证阶段，每一个阶段都对审辩性思维水平提出较高的要求。从创新结果来看，创新思维的产品质量好与坏是对审辩性思维水平高与低的重要检测。

（二）审辩性思维与习惯性思维

习惯性思维又称思维定式，它以重复、模仿过往思维模式为路径，具有专注性、导向型的特点，最为显著的表现是思维定式效应。无论是巴普洛夫高级神经活动学说强调的"动力定型"原理还是让·皮亚杰的"顺应—同化"效应均已证明惯性思维存在的合理性。思维定式通过对某些经验的积淀、固化，形成某种特色的内在结构，使问题有了自动化解决的可能，在一些情况下提高了实践活动的效力。但当面对新的问题环境时，我们可能会陷入以自我为中心的思维中，困于"一叶障目，不见泰山"的思维陷阱。作为具有惯性思维的人而言，在处理某事的时候仅仅是机械的思考而已，而不去思考我为何这样想，我这样到底有没有科学依据。通常惯性思维不去思考其他外界的观点是否正确与值得采纳，只是被自己的思想所控制并且没有明显清晰的逻辑结构。而审辩性思维者不仅知其然，还知其所以然，不仅会思考自己的思维方式正确与否，严谨与否，还会认真地采纳其他人的观点，以确保自己没有偏见，真正做到了思维公正与公平的状态。

（三）审辩性思维与非逻辑性思维

逻辑思维是现代思维方式的基石，逻辑力是高质量社交、学习必备的基础学力。逻辑学内容丰富，体系繁杂，在这里本书仅对审辩性思维与非逻辑性思维做一点自我之见。审辩性思维与非逻辑思维的交织关系要追溯到 20 世纪 70 年代的非形式逻辑思维运动，非形式逻辑在对审辩性思维的研究、重视下，越发更加有力量。对于两者关系，本书认为，非逻辑性思维是审辩性思维的基础，审辩性思维是非逻辑思维的拓展。首先，非形式逻辑同样研究论证和推理，但不同于形式逻辑所关注的人工语言论证和在推理方面的构建逻辑系统，它的侧重点在于日常语言论证和自然语言论证[8]。非形式逻辑虽然在研究对象上不同于形式逻辑，但仍要以逻辑的推理和论证为核心因素，而推理技能、论证技巧是一个审辩性思维所必备的能力，因此，审辩性思维是要讲逻辑的，要以非形式逻辑为基础，如同沃德所说，审辩性思维是使用推理洞悉何真何假的过程，包括熟悉逻辑和逻辑谬论。从另一个角度讲，审辩性思维与非形式逻辑思维都比较关注以日常生活中、自然语言的论证，这无疑又加强了两者之间的联系。虽然两者联系密切，但是两种思维形式也存在显著的差异。第一，审辩性思维关注的重点在于审辩，以差异性、多角度的眼观审视一切，既涉及多学科（伦理学、心理学、教育学）又要关联主客观因素。第二，相比非形式逻辑思维，审辩性思维更具有价值性、见识性。也许逻辑思维结果是符合逻辑的，但未必是有意义的，而审辩性思维包含了创新的含义。

（四）审辩性思维与辩证性思维

辩证法是马克思主义思想的精髓，是指导我们开展工作的重要法宝。有辩证法的指导是不是不需要审辩性思维？辩证性思维与审辩性思维关系如何？这些问题值得我们进一步探讨。辩证性思维其实质在于"辩证"二字，是对客观事物在一定阶段全面认识。根据人类认识过程规律，通常是从初级的感性具体认识上升到高级的抽象理性认识，而在这一过程中离不开审辩性思维的作用。第一，审辩性思维强调多角度、差异化思考，作为辩证思维必经阶段的审辩性思维集中表现在人们在认知过程中特定阶段上的意见争论和观点争斗[9]。由于主客观条件的限制，面对同一问题，每个人都有不同的判断，正是人们通过审辩性思维对问题的思考、争辩、认同才促进了问题的解决。第二，审辩性思维要求实事求是的态度，对客观存在作出合理的主观解释。辩证法要求全面地看待问题，既要杜绝形而上学的主观盲目又要克服非此即彼的绝对主义，从这个意义上讲，审辩性思维必定要贯穿于辩证性思维的过程中。总而言之，离开了审辩性思维就无法形成辩证性思维，审辩性思维是辩证性思维形成的必要环节。

四、审辩性思维的认知误区

（一）审辩性思维等同于否定

谨慎反思，是批判性思维研究和教学一贯的常识。但现实存在的普遍误解，是推广批判性思维的最大思想障碍之一[10]。目前采用较广的批判性思维的定义是恩尼斯的观点：合理的、反思性的思维，其目的在于决定我们的信念和行动。此定义本身不包含负面的批判性含义。很多人看到的只是"批判"两个字，且望文生义把它等同于负面含义的否定。他们至少是下意识地认为，否定就是批判性思维，批判性思维必然包括否定。

然而，批判性思维的主要原则，从首次提出批判性思维概念的杜威开始，就是大胆质疑、谨慎断言。合理的信念和行动，不仅需要"大胆质疑"，更需要"谨慎断言"。谨慎断言，按杜威的话说，就是如果对一个观念没有细致、深入、全面的合理思考和探究，就不要下判断。

综上所述，否定不等于批判性思维。批判性思维不一定包含否定。否定既不是批判性思维的充分条件，也不是其必要条件。它的真正要点是走向合理的知识和行动。

（二）批判性思维属于逻辑范畴

批判性思维不等于逻辑，这一点显而易见。但出于各种原因，许多人还是把批判性思维限定在逻辑范围内，把它当作日常语言的逻辑，当作逻辑课的比较有趣、比较实用的替代物。这样做的不利后果之一，是限制了批判性思维的教育，使得它的那些独特的优点和方法（如促进求真、深入和开放思考）得不到传播，从而不利于创新思维的培养和科技发展。批判性思维不等于逻辑，不等于日常语言中的逻辑，不等于推理，甚至也不等于过去理解的论证，而是批判理性主义理解的那种通过良性的辩证批判而推动的认知活动。批判性思维不仅是理性的，而且是发展的；思考不仅要得到正确的信念，还要得到新的正确信念。

（三）批判性思维过分强调技能

从批判性思维发展历史脉络可以看出，成熟的批判性思维的概念至少包含两个维度的内容，即倾向和技能。在批判性思维的教学过程中，仍然存在非常严重的认知误区，就是过分强调技能、技巧的培养。教学中满堂灌的现象，反映出教育中力争培养良好理性和开放习惯的目标被忽视。批判性思维内在地需要某种理智美德的帮助才能开展。"熟练运用批判性思维技巧"本身就需要突破我们天性中的"惰性"部分。因为保守和偏见的倾向会把这样的运用阻止在表面和片面的层次上。一个保守顽固的人，一个被利益或名誉主宰的人，如何去面对和领悟不同的证据，勇于创造替代理论，公正分析自己和对立理论的优缺点，从而得到合理的判断？没有对公正、诚实这样的理智美德的要求，所谓"熟练运用批判性思维的技巧"就可能大打折扣。

当我们为了信念和行动的合理性进行批判性思维时，这样的批判性思维按其定义就包含了对求真、理性和公正等理智态度的要求，不然不可能达到"合适"的信念和行动。纯粹用"因为A比B好、B比C好，所以A比C好"这样的推理不是批判性思维，这样推理的人完全可能同时在违反批判性思维。

第二节　表征导向

在第一节中分析了审辩性思维与创新性思维、习惯性思维等思维形式的联系与区别，审辩性思维作为一种思维方式，有其鲜明的思维特征，具体来讲主要包括独立性、主动性、反思性、理性及创新性几方面的特点。

一、独立性导向

传统文化的群体性、共同性价值取向在一定程度上要求我们以共性铸造个性，反对自我表现。在"家国一体"的封建政治架构影响下，在"自给自足"的封建小农经济体制约下，在"讲经注疏"的封建学风荫蔽下，难免会形成依附性的思维习惯。依附性思维负面特征明显，在生活中表现在自我主体缺席与沉默，在集体中表现出无责任感和担当，在工作中表现出迷信权威。依附性思维过度与独立性思维欠缺是一体两面的问题，信息化社会、现代性经济体制要求我们挣脱依附性思维的窠臼，培养独立性思维方式。独立性思维是指能够独立地思考问题，并作出自我判断，从根本上解决思维的趋同现象，它是审辩性思维的基本特征和价值追求。思维的独立性要求通过审辩性的审视，得出自己的判断和决策，不人云亦云，不盲听从附和，能够最大程度地排除外界的影响和干扰，力求评判结果正确。作为一名审辩性思维者，"独立思考"不在于受到什么影响，而在于是否意识到影响和局限；不在于和哪一种观点相同或不同，而在于怎么和他们相同和不同[11]。摆脱思维的依附惯性，走向思维真正的独立，是审辩性思维的合理内核与基本要求。

二、主动性导向

审辩性思维是内在的主动探求而不是迫于外在压力的思考。换言之，审辩性思维要求我们自我反思和主动认知。自我决定理论认为人是积极的有机体，具有先天的成长和发展潜能，该理论将人们从事活动的动机分为内在动机、外在动机、去动机三种类型，并认为内在动机是人们最具有驱动性力量[12]。高质量的思维过程是个体主动思考并付出一定代价的过程，我们不得不承认思维有惰性的一面，总是渴望我们的思维处在"舒适区"，一劳永逸的解决所有问题。但当这种处境一旦遇到挫折与挑战，舒适圈被打破，往往表现出焦虑和无助。人容易被肤浅、片面、简单的东西所迷惑，有研究表明，人类爱舒适的天性，是我们愿意顺从潮流，使我们喜欢直观和一致的东西，不愿意探究注意和深究不一致[13]。审辩性思维不但要审视他人的观点更要挑战自己的观点，需要主动行为，突破"舒适区"的限制。Grant认为主动行为是指："能够积极改善现有环境或创造新环境，主动对现状提出挑战而非被动的适应现有条件，并进一步指出，被动的个体是消极适应环境，甚至为环境所塑造[14]。"

三、反思性导向

保罗和埃尔德说过：每个人都有以自我为中心的倾向，自以为是，而且自欺，这些会成为我们思维上的缺陷，正是这些缺陷导致了历史上一个又一个的历史灾难。审辩性思维不仅是对现有存在的"破坏性"思考，而且是基于假设、论证、决策超越性的重构。反思性行为是审辩性思维的必要条件，高质量的审辩性思维品质在很大程度上取决于自我反思的深度、广度。杜威把反思界定为"对某个问题进行反复的、认真的、不断的深思"，并给予其高度的评价。在他看来，自我反省至少有三方面的价值：第一，使行动具有目的性并按照计划完成；第二，可能进行有系统的准备和发明，以便预料结果；第三，能使事物的意义更加充实[15]。具有反思性能力的个体具有强烈的自我意识，坚韧的意志力，高效的行动力。反思性思维的对立面是偏执性思维，偏执性思维往往固守己见，执拗顽固，鲜能"回头看看"。法国生理学家伯纳德（Claude Bernard）曾说：阻碍我们学习的，常常是我们认为已知道的东西。已有的根深蒂固的印象和概念，以"先入为主"的优势，往往成为偏执行为的根源。自我反思是人类优秀的思维品质之一，反思性是一种自我改正、自我审辩、自我监控的精神。主体能对自己的思想、观点进行自我批评与自我审查，有助于主体更加全面客观地认识问题，从而进行科学的推理与决策。

四、理性导向

理性的思维有助于形成理性的认知，进而产生理性的行动。理性主义将理性思维定义为："确信和崇尚人类合乎逻辑的推理能力和在此基础上的分析、解决各种问题的能力。"[16]审辩性是理性的审辩，而不是盲动的审辩，更不是为了审辩而审辩。审辩性思维是建立在尊重客观事实与公理的基础上，坚持因果关系，遇到问题不冲动，解决问题不凭感觉，在谨慎的判断下做出决策。在这里，我们要时刻提醒自己，审辩性思维的目的是让我们更加理性。亚里士多德曾经提出"人是理性的动物"的论断，理性是人与动物最为本质性的区别。但拥有理性思维却不是一件容易的事情，因为理性思维是一种高耗能的思维方式，自我机体避重就轻、弃难从易的弊端会怂恿我们逃避理性思维，这既是我们简单决策的原因，也是理性思维弥足珍贵的所在。吾爱吾师，吾更爱真理对理性思维的追求是人类永恒的话题。在审辩性思维认知过程中学做"慢诸葛"，莫做"猛张飞"，理性的待人、做事、对物。

五、创新性导向

审辩性思维的创新性是指敢于超越权威、打破常规，甚至敢于质疑、否定、超越他人或自己的信念、理论。审辩性思维主要解决一个"破"的过程，从这个意义来讲，审辩性思维的本质特征本身就包含了创新的含义。创新起源于问题意识，历史上无论是理论创新还是科技进步都源于对问题的思考。同时，问题意识不是凭空产生的，而是始于当下情景的疑虑，而审辩性思维的基本表现就是有疑有问，有疑才问。因此，审辩性思维创新行为的关键因素。审辩性思维对创造性能力的作用主要体现在两点。一方面，审辩性思维鼓励创造性行为，表现为审辩性思维是为创造性思维扫除精神和思想障碍的"清道夫"；另一方面，审辩性思维培育创造性行为，虽然审辩性思维不是创新产生的充分条件，却是创新行为养成的有力催化剂。在实际生活中，我们似乎一直存在两种不科学的行为：一是容易产生"塞梅尔魏斯习惯性反应"，人们易被传言所左右，内在的原因在于它和已有的、流行的想法相符合；二是我们容易会形成思维定式和功能固着，从而形成无形的思维框架约束，制约着创新思维的养成。未来社会的创新驱动力更加明显，我们必须摒弃守旧的观念，勇于审辩的思考，勇于创新。

第三节　结构构成

深入探究审辩性思维的培养，必然涉及对审辩性思维结构的探索。关于审辩性思维的构成，众多学者基于对审辩性思维的不同认识有不同的理解，目前学术界比较有代表性的是单级模型、双维模型、三元结构模型。

一、FRISCO 单级模型

在恩尼斯对审辩性思维的早期研究中，认为审辩性思维主要指以形式逻辑推理能力为主的一系列技能，由于忽视了审辩性思维倾向的功能与作用，受到其他研究者的质疑。在 20 世纪 90 年代以后，尽管恩尼斯在其理论中将审辩性思维倾向涵盖其中但仍然将研究重点放在审辩性思维技能上。恩尼斯认为审辩性思维技能分成 6 大类，分别是关注（focus）、推理（reason）、推论（inference）、情境（situation）、澄清（clarity）、评价（overview）等[17]。在 1997 年后，他把 6 种技能的首字母组合成平时所讲的 FRISCO 单极模型（见表 2-1）。

表 2-1　FRISCO 单级模型[18]

关注	推理	推论	情境	澄清	评价
发现问题 找出主要观点	逻辑分析 经验证据	检验结论	考虑问题背景 考虑不同情境	明晰术语 避免混淆	审视过程 寻求一致

二、美国哲学的双维模型

美国哲学学会运用德尔菲法，从 1988 年开始，46 位专家经过 3 年 6 轮，最终达成审辩性思维定义，定义里面强调认知能力和情感特质两个维度。认知能力包括：解释、分析、评估、推论、说明和自我调节；核心技能为分析、评价、推理；每项技能下面有很多分项子技能。情感特质包括：求真性、思维开放性、分析性、系统性、自信好奇性和公正性、认知成熟度等 7 个维度。我们称之为双维模型，这也是本书研究的理论基础。

（一）有关审辩性思维倾向方面的解释

（1）寻找真相。寻找真相是指抱着真诚、客观的态度去寻找答案。如果最终的答案与个人原有的观点信念背道而驰，甚至影响自身利益，勇于放弃个人原有观点。加利福尼亚审辩性思维特质研究小组一致认为：即使真理追寻者所追寻的目标或兴趣不受发现结果的鼓励，他们也仍然继续保持公正和客观的态度进行调查。

（2）开放思维。开放思维是指用宽容的态度去对待不同的意见、观点。不带个人偏见，对别人的意见敏感，善于接纳不同观点。

（3）分析能力。有分析能力的主体非常重视在解决问题时运用的理由和证据所起的作用。保尔将其称之为"心智自主"，即独立、自主地思考问题的习惯。

（4）系统化能力。系统化能力是指在探究过程中有目标、有组织地运用组织有序、连续不断的程序努力处理问题。有系统化能力的人在做一件事情之前善于计划，能按一定的秩序和规则处理复杂的问题。在处理问题的过程中，头脑清醒，谨慎、理性地对每一步做出预期，再三斟酌，选择判断标准，最终有条不紊地寻求探究的精确结果。

（5）审辩性思维的自信心。审辩性思维自信心是指在推理过程中相信自己的理性分析能力，并对自己的这种能力非常有把握。在一项艰苦的思维活动中，具有强烈自信心的主体会努力坚持相信自己并最终取得成功。

（6）求知欲。求知欲是指对知识的追求保持一颗好奇心和热衷的态度，尽管有些知识的实用价值不是那么直接明显，但还是选择尝试学习和理解。而在Delphi 报告中指出好奇心的表现是一个人对思考的对象充满兴趣，即使问题的结果不能直接表现出来，也会保持信息灵通，关注事情的进展情况。

（7）认知成熟度。认知成熟度是指主体会谨慎、明智地做出权益的决定。一个好的思维者在解决问题的过程中如果发现有的地方出了错，他们也会从错误中学习，抛弃无效策略，不断地进行自我矫正，从而改善思维过程，最终取得成功。

（二）有关审辩性思维技能解释

（1）解释。解释即指思维主体理解和表达极为多样的经验、情境、数据、事件、判断、习俗、信念、规则、程序或规范的含义或意义。子技能包括归类、解码意义和澄清内涵。

（2）分析。分析即指思维主体识别意图和陈述之间的推论关系、问题、概念、描述或其他意在表达信念、判断、经验、理由、信息或意见的表征形式。子技能包括审查理念、发现论证和分析论证。

（3）评估。评估即指思维主体评价陈述的可信性或其他关于个人的感知、经验、境遇、判断、信念或意见的描述；评价陈述、描述、问题或其他表征形式之间实际的或意欲的推论关系的逻辑力量。

（4）推论。推论即指思维主体识别和维护得出合理结论所需要的因素；形成猜想和假说；考虑相关信息并根据数据、陈述、原则、证据、判断、信念、意见、概念、描述、问题或其他表征形式得出结果。子技能包括质疑证据、推测选择和推出结论。

（5）说明。说明是指思维主体能够陈述推论的结果；应用证据的、概念的、方法论的、规范的术语说明推论是正当的；以强有力的论证形式表述论证。子技能包括陈述结果、证明程序的正当性和表达论证。

（6）自我调节。自我调节是指思维主体能够监控自我认知行为的意识，特别在分析和评估个人自身的推论性判断中应用技能导出结果，勇于质疑、证明或改正自身的推论或结果。

三、Paul 和 Elder 的三元结构模型

Paul（保罗）和 Elder（琳达）在 2006 年提出审辩性思维由标准、元素、思维特质组成（见图 2-1）。进行审辩性思维的人经常会把思维标准和思维元素结合起来去发展思维特质，也就是说把思维元素按照标准融入推理元素中，我们的思维特质也相应发展。每个思维元素都应该运用 10 条标准去衡量或者检验。人的思维特质必须随着思维能力的发展而发展，否则高效的思维能力可能走向狭隘，变成利己主义，最终无所建树。

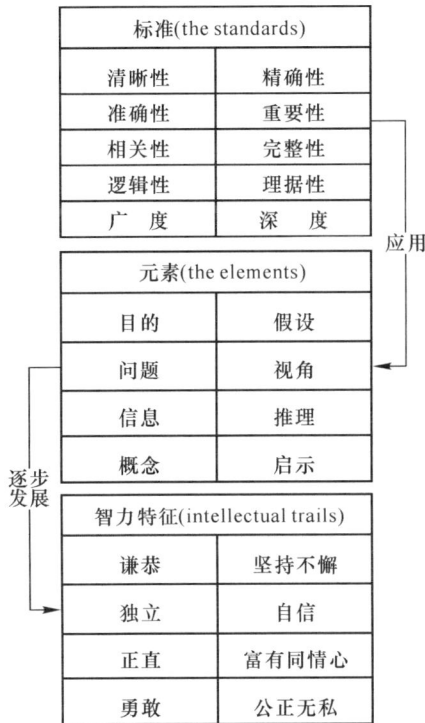

图 2-1　Paul 和 Elder 的三元结构模型

参 考 文 献

［1］中共中央马克思恩格斯列宁斯大林著作编译局．马克思恩格斯选集（第四卷）［M］．北京：人民出版社，1972.

［2］杨治良．简明心理学辞典［M］．上海：上海辞书出版社，2007.

［3］武宏志．批判性思维：语义辨析与概念网络［J］．延安大学学报（社会科学版），2011（2）：7~8.

［4］谢小庆．审辩性思维能力及其测量［J］．中国考试，2014（3）：9.

［5］马丽，武宏志．审辩性思维与非形式逻辑之间的互动关系［J］．青海民族学院学报（社会科学版），2006（7）：2.

［6］武宏志．何为审辩性思维？［J］．青海师专学报（教育科学），2004（4）：2.

［7］王建，李如密．批判性思维与创新思维的辨析与培育［J］．课程·教材·教法，2018（6）：54.

［8］张世宁，审辩性思维的培养与非形式逻辑的发展［J］．太原师范学院学报（社会科学版），2007（3）：125.

［9］贺善侃．审辩性思维与辩证思维［J］．广州大学学报（社会科学版），2005（3）：49.

［10］董毓．批判性思维的三大误解辨析［J］．高等教育研究，2012，33（11）：64~70.

［11］董敏．批判性思维原理与方法——走向新的认知与实践［M］．2版．2017（7）：9.

［12］暴占光，张向葵．自我决定认知动机理论研究概述［J］．东北师范大学学报（哲学社会版），2005（6）：141.

［13］董毓．批判性思维原理和方法——走向新的认知和实践［M］．2版．2017.

［14］刘密，龙立荣，祖伟．主动性人格的研究现状与展望［J］．心理科学进展，2007，15（2）：333~334.

［15］姚林群．论反思能力及其培养［J］．教育研究与实验，2014（1）：40.

［16］陈晴，喻本伐．理性主义与大学生理性思维的培养［J］．教育评论，2014（10）：72.

［17］Ennis R. CrticaI thinking：a streamIined conception［J］．Teaching Philosophy，1991，14（1）：5~24.

［18］黄芳．大学生审辩性思维能力培养方式实践探索［D］．上海：上海外国语大学，2013.

第三章 核心素养视阈下的高校本科生审辩性思维

为应对 21 世纪的挑战，世界各国、各地区纷纷提出"核心素养"这一发展框架，在许多框架中审辩性思维均被提到重要位置。在我国教育部颁布的《中国学生发展核心素养》中的科学精神明确包括审辩性思维这一基本点，培养学生审辩性思维是发展学生核心素养的本质要求。本节在对核心素养内涵理解的基础上，分析高校本科生的核心素养发展背景、原则等内容的基础上，重点分析了审辩性思维与核心素养的内在联系。

第一节 核心素养的内涵与特征

一、核心素养的内涵

从我国教育改革历史看，20 世纪 70~80 年代是以"双基"（基本知识、基本技能）为改革导向，但产生了应试教育的弊端，主要表现为学生有知识却无能力。在 20 世纪末，为改变这一情况，素质教育应时而生，试图扭转知识与技能的不平衡关系，但在实践中也出现系列问题。核心素养的提出源于对"21 世纪需要培养什么样的人？他们应该具备哪些素质？"这个重要问题的研究探索。为应对时代变化与未来发展的多项需要，世界各国、各区域组织争相研究核心素养的概念、框架、价值取向和可行性。

世界经济合作与发展组织开展"素养的界定与遴选：理论框架与概念基础"研究，在与情境的内在关联中厘清素养的内涵，将素养看作是个体在特定的情境下能成功地满足情境的复杂要求与挑战，并能顺利地执行生活任务，有效融入未来社会的内在先决条件，不是脱离特定的情境，抽象地谈论一般"素养"。其次，强调素养不是单一的知识、技能，而是包括情感、态度等要素，是"可教、可学"的，是经由后天学习习得的，它可以通过有意图的、人为的教育加以规划、设计与培养，不同于传统意义上的先天智力或能力倾向。继而进一步关注个体适应未来社会生活和个人终身发展所必须具备的核心素养，强调它是不同学习领域、不同情境中不可或缺的底线要求，是关键的、必要的、也是重要的素养，并试图将核心素养与由核心素养衍生出来的其他素养区别开来。世界经济合作与发展组织在关于"素养的界定与选择"中通过多学科角度的审视，归纳出"能互动地使用工具""能在异质社群中进行互动""能自律自主地行动"三方面的核心素养，赋予素养以可教、可学、可测评的内涵特质，并从哲学、社会学、人类学、经济学、心理学等多学科中寻找理论依据，试图使之成为内涵明晰的科学概念，对"培养什么样的人"的问题加以细化，并将其作为规划未来教育活动的基础理论。经济合作与发展组织的学生核心素养内容见表3-1。

表3-1　经济合作与发展组织的学生核心素养内容

核心素养	运用多种工具互动			与异质群体交流互动			自主行动		
具体内容	运用语言、符号和文字交流的能力	运用知识和信息交流的能力	运用信息技术交流的能力	与他人良好交流的能力	学会合作的能力	解决问题与冲突的能力	识大局行动的能力	制定和执行生活计划和个人项目的能力	维护权利、利益、限制和需要的能力

　　受经济合作与发展组织的影响，欧盟也感到了研究核心素养的紧迫性，于2002年3月发布研究报告《知识经济时代的核心素养》。经过不断研讨论证，2006年12月，欧洲议会和欧盟理事会通过了关于核心素养的建议案《以核心素养促进终身学习》，标志着八项核心素养的正式发布。2005年，欧盟发布《终身学习核心素养：欧洲参考框架》，包含母语沟通能力和外语沟通能力等八大素养，其中学会学习的描述是：审辩性思维、创造性、主动性、问题解决、风险评估、决策，支持个体学习全过程。核心素养作为统领欧盟教育和培训系统的总体目标体系，其核心理念是使全体欧盟公民具备终身学习能力，从而在全球化浪潮和知识经济的挑战中能够实现个人成功与社会经济发展的理想。欧盟终身学习核心素养内容见表3-2。

　　2013年2月，联合国教科文组织和美国布鲁金斯学会联合启动的"学习指标专项任务（LMTF）"发布了名为《走向普遍学习——每名学生应该学什么》的研究报告。其主要观点是一个转变：教育应由工具性目标（把学生培养成提高生产率的工具）转变为人本性目标（学生情感、智力、身体、心理等方面的潜质与素质都能通过学习得到发展）。该报告提出检测学生学习成果应涵盖6大维度，分别是身体健康、社会情绪、文化艺术、文学沟通，学习方法与认知等，这一学习指标体系视为核心素养的描述性框架。

表3-2 欧盟终身学习核心素养内容

核心素养	母语交流	外语交流	数学能力 & 科学技术方面的基本能力	数字化能力	社会和公民能力	主动意识、创新精神	文化意识与表达	学会学习
具体内容	对于审辩性和建设性对话的倾向，欣赏审美素质的提高，与他人交流的兴趣	欣赏文化多样性，对语言和跨文化交流的兴趣和好奇心	（1）数学：对真理的尊重，积极寻求理由并评估其有效性；（2）科学技术：敏锐的鉴赏力和好奇心，对首要问题有兴趣，尊重安全和可持续发展，尤其是科学技术的进步与个人、家庭、有关问题的联系	对可用信息的审辩性和反思性态度，并负责任地使用互动媒体，因为文化、社会或职业原因从事社区和网络方面的工作	合作、自信与正直的态度，对社会经济发展和跨文化交际有兴趣，重视多样性和尊重他人，并做好克服偏见和妥协的准备	在生活和工作中的主动性、活动性、独立性和创新性，达到目标的动机和决心	对自己文化的理解以及认同感，从而以开放的态度尊重文化表达的多样性	求知的能力和持之以恒地学习的能力，组织个人或团队学习的能力；对学习过程、目标和机会的认识，解决学习困难的能力；在已有知识的基础上获取新知识的能力；动机和自信

　　美国在2007年制定了"21世纪学习框架"也就是美国人才培养的"21世纪技能"，主要思想是：在总结经验教训的基础上，美国的学校需要整合3个"R"（即核心课程）和4个"C"，即审辩性思维与问题解决（critical thinking and problem solving）；交流合作（communication，collaboration）；创造与创新（creativity and innovation），使教室环境接近真实世界的环境，强调培养学生的创造力和创新精神。

　　日本各政府部门也深入开展教育目标的研究并提交各自的方案。内阁政府在2003年提出了"人所需要具备的能力"，厚生劳动省在2004年提出了"就职基础能力"，经济产业省在2006年提出了"社会人所需要的基础能力"，文部科学省在2008年提出了"学者所需要具备的能力"等。综合日本政府各部门的讨论意见，日本国立教育政策研究所于2013年公布了"21世纪型能力"（见图3-1），即21世纪具有竞争能力的日本国民应该具备的能力。基础能力主要是处理语言、数学和信息的工具和技能。思考能力主要是针对问题，个人能有自己的思考，与他人讨论交流，进行整合研究，寻求更好的解决方案，学习新知识，并继续深入探究。实践能力主要是发现日常生活、社会环境中呈现的问题，运用知识和技能，寻找既利于发展自我又裨益社会的解决方案。为了达成上述目的，日本教育部门还提出了学习能力的三个要素：一是基础和基本的知识和技能；二是活用基础知识的思考力、判断力和表现力等；三是学习的兴趣和兴致。

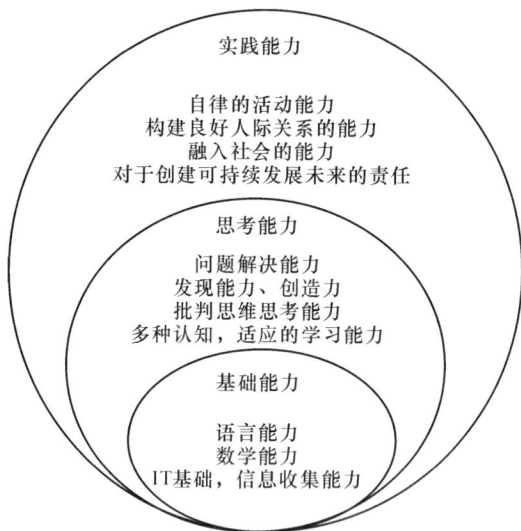

图 3-1　日本 21 世纪型能力

　　新加坡政府为了使学生更好地把握机遇、迎接挑战，也提出了"21 世纪核心素养"的结构框架（见图 3-2）。新加坡核心素养框架包含三个部分内容，即核心价值、社交与情绪管理技能以及新加坡学生 21 世纪技能。核心价值观处于框架的中心，包括尊重、诚信、关爱、正直、负责、和谐，这是素养框架中的核心与决定性因素，它决定了社交及情绪管理技能。社交及情绪管理技能包括自我意识、自我管理、自我决策、社会意识和人际关系管理。核心素养通过对社交及情绪管理技能的影响，又决定了新加坡学生 21 世纪技能培育的具体类型。新加坡学生设置的 21 世纪技能包括三项：一是交流、合作与信息技能；二是公民素养、全球意识和跨文化交流技能；三是审辩性、创新性思维。其中交流、合作与信息技能包括信息开放、信息管理、负责任地使用信息以及有效地交流信息；公民素养、全球意识和跨文化交流技能包括活跃的社区生活参与、国际与文化认同、全球意识以及跨文化的敏感性和意识；审辩性、创新性思维包括合理的推理与决策、反思性思维、好奇心与创造力以及处理复杂性和模糊性问题的能力。新加坡政府希望学校教育能立足上述三项核心素养，最终达成四项理想的教育成果，即培养充满自信的人、能主动学习的人、积极奉献的人以及心系祖国的公民。

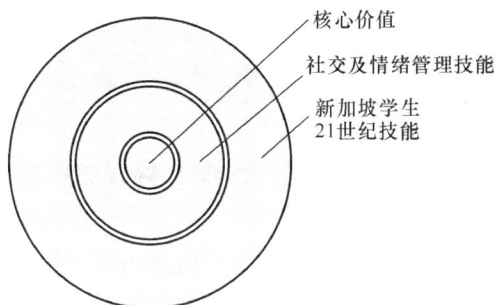

图 3-2 新加坡学生 21 世纪核心素养

综上所述，在全球化、知识经济时代，经济合作与发展组织（OECD）、欧盟（EU）和联合国教科文组织（UNESCO）等国际组织，以及英国、法国、德国、美国等国家相继提出了核心素养的概念，明确了核心素养的内涵。美国、日本、澳大利亚三国则分别以"21 世纪核心技能""21 世纪型能力""七项通用能力"的概念来表述"核心素养"，虽然遣词不尽相同，但都反映了当前和未来社会发展对教育、对人民的最新要求，是对人的全面发展的要求。

在这样的大背景下，我国也顺应潮流，教育部组织专家团队开展相关研究，并于 2016 年发布了《中国学生发展核心素养》。报告指出，核心素养是学生应具备的能够适应终身发展和社会发展需要的必备品格和关键能力，综合表现为文化基础、自主发展和社会参与三个领域，体现了个人、社会和国家对于学生发展的要求。与其他国家相比，我国所提的核心素养的概念更加符合我国的国情，是本项目开展研究的重要依据。

二、核心素养的特征

从上述各个组织、各个国家对于核心素养的定义可以看出，尽管在表述上有所不同，仍然表现出共同的结构和特征。

（1）基础性。核心素养是人实现自身发展、满足社会需要所必备的素养，并不限于某一门学科、某一种能力，它是跨学科、多能力互动共生的一种素养，具有基础性、底线性特征。但是这种素养又不是普通的、一般性的素养，是关键的、重要的素养，是特定情境下解决复杂问题的素养。

（2）全面性。核心素养并不是传统意义上的素质，不仅包含知识、能力，还包含品格、情感等，是人发展、社会需要所必需的全面的要求。但这种全面性并不是面面俱到的，要将其与它所衍生出来的素养区别开来。

（3）关键性。核心素养之所以称之为"核心"，就是在于其有别于"一般的""普通的"素养，在某种意义和某种情况下，核心素养可以催生出别的素养。核心素养在影响人的发展上所起到的作用是关键的、核心的。

（4）发展性。核心素养并不是孤立的、静态的，而是随着社会、经济的发展而发展，随着环境的变化不断变化的，脱离了特定形势的要求来谈核心素养，没有任何实际意义。因此，在研究核心素养，总是要与当前的环境形势相适应。

第二节　高校本科生核心素养

满足社会需求，对于高校本科学生而言，就是满足服务奉献的需求。因此，在前文分析核心素养概念内涵的基础上，行业院校本科生核心素养可以表述为：适应社会发展需求、服务奉献国家需要的必备品格和关键能力。高校本科生核心素养包含哪些素养？适应社会发展需求、服务奉献国家需要的必备品格和关键能力是什么？回答这些问题，就需要深刻把握发展高校本科生核心素养的时代背景。

一、新时代高校本科生发展的时代背景及要求

（一）国际社会面临深刻调整

当今世界正经历新一轮大发展、大变革、大调整，大国博弈全面加剧，国际体系进入了深度演变和深刻调整时期，在国际霸权主义抬头和全球化遭遇逆流形势下，我国既面临前所未有的困难，也面临难得的发展赶超机遇。中华民族要迈向伟大复兴，国家要跨越"中等收入陷阱"，建成社会主义现代化强国，对高素质人才的需求更加迫切。随着改革不断深入，我国的经济模式、生产生活方式和社会结构将发生深刻变化，对人才要求也随之发生变化，新时代的人才应具备哪些价值观与知识能力？哪些素质是创新人才必备素质？如何设计规划人才成长路径？如何评价高校人才培养质效？都是新时代高校人才培养必须深入研究解决的重要问题。

（二）大国竞争态势日趋激烈

随着以信息技术、网络技术等为代表的高新技术的快速发展广泛应用，国际竞争形态和样式发生了重要变化。近年来，我国在许多尖端科技领域取得了重大突破，产业链竞争能力持续加强。但不可否认的是，我国在不少领域还处于产业链中低端，基础研究和原始创新能力不足，关键核心技术受制于人。这些问题不解决，我们在竞争中将处于不利地位，很容易被卡住脖子、点住命门。当知识、信息成为竞争要素的时候，创新也就构成直接竞争力。物力、人力、知识、信息的竞争已演化成持久创新能力的竞争，即创新体系的竞争。因此，创新的关键在人才，信息时代一切领域的竞争从本质上看都是人才的竞争。高校人才培养必须放眼全球，抓紧培养一批具有国际视野和竞争力的创新人才。

（三）高等教育格局不断演化

我国高等教育从大众化向普及化发展，积累了经济社会发展需要的"人才红利"。但不可忽视的是，任何国家高等教育扩张都会导致教育质量和毕业生质量的下滑，高水平大学和一般大学的办学质量水平差距不断扩大。随着世界经济科技的发展融合，交通和通信效率大幅提升，各国都在推动高等教育国际化发展，越来越多的高校开办了国际课程、联合课程和海外校园。同时，高等教育领域的理念技术层出不穷，也深度改变现有教育教学模式、师生思维方式和学术组织形式。这些变化将催生全球高等教育新格局，有可能冲击我国高等教育的优势和地位，高校人才培养面临许多不确定性的考验。

二、新时代高校本科生培养遵循的原则

新时代人才既要有在世界舞台上应对各种挑战的素质能力又要具备良好的道德情操，因此，新时代高校本科生培养具体要坚持以下几项原则：

（1）坚持立德树人根本任务。2012年党的十八大明确指出将"立德树人"作为教育的根本任务，培养德智体美全面发展的社会主义建设者和接班人。2013年党的十八届三中全会在重申"立德树人"根本宗旨的基础上，提出要加强社会主义核心价值观的教育。2017年党的十九大报告强调"建设教育强国是中华民族伟大复兴的基础工程"，再次明确要"落实立德树人根本任务，发展素质教育，推进教育公平，培养德智体美全面发展的社会主义建设者和接班人"。这些教育方针和目标，回应了我国当前社会的迫切需要，也表明党和国家高度重视人才的品德教育，并将其放在人才培养的首要位置。新时代高校本科生是现代化建设的主力军，必须高度认同中国特色社会主义的价值目标，肩负起民族复兴的时代重任。

（2）坚持人的全面发展。新时代新形势，改革开放和社会主义现代化建设，对人才质量提出了新的更高要求。坚持人才的全面发展，培养德才兼备的人才，要深刻把握新形势下育人的特点和规律，以更高远的历史站位、更宽广的国际视野、更深邃的战略眼光，规划好人才培养。要改进完善人才培养方案，牢固树立以学生为中心的培养理念，一切服务于学生的全面发展。大力加强学生思想政治教育，引导学生树立正确的世界观、人生观、价值观。系统传授科学文化知识，构建符合经济社会发展需要的能力结构。锻炼和发展学生体育意识和能力，不断增强学生体质。丰富学生社会实践，注重实践能力和创新能力培养。

（3）坚持服务社会主义建设。我国是中国共产党领导的社会主义国家，培养社会主义建设者和接班人是人才培养的根本任务。高校人才培养必须坚持服务社会主义建设这个基本原则，必须始终把拥护中国共产党领导和我国社会主义制度，立志为中国特色社会主义奋斗终身作为人才培养的出发点和落脚点。要不断坚定学生对社会主义核心价值观的政治认同、理论认同和情感认同，把培养学生的知识技能和健康人格同国家发展现实目标和未来方向紧密联系在一起，树立学生为人民服务，为中国共产党治国理政服务，为巩固和发展中国特色社会主义制度服务，为改革开放和社会主义现代化建设服务的意识。

三、新时代高校本科生核心素养构成

有学者借鉴布卢姆目标分类法，把行业人才素质目标分为三大类：（1）认知领域目标，主要包括知识类型、知识掌握水平、智力操作方式、智力活动水平；（2）技能领域目标，主要包括技能知识、技能动作、技能水平；（3）情感领域目标，主要包括达成内容、达成水平、达成方式等。上述各种"素质"目标分类研究，主要基于人的全面发展。高校本科生的核心素养构成应在基于人才素质目标分类的基础上，具体化为相关能力达成，充分体现新型人才素质要求的独特性。

一是扎实的学科专业素养。具备良好的学科专业素养是高等院校人才培养的基本目标。本科生是学生群体的一个重要组成部分，他们既要为未来的工作做好准备，又要为提升工作做好准备。他们应通过专业课的学习，精通所教学科的基础性知识和技能，了解学科的发展脉络，了解与该学科相关的知识，更重要的是了解该学科领域的思维方法和方法论，形成该学科的学习能力，具备扎实的学科专业素养。唯有如此，才能不断地应对和满足社会发展的挑战与需求，为择业、就业与终身发展奠定基础。

二是丰厚的人文底蕴。本科生未来的发展不仅取决于其专业知识的掌握程度，更离不开其视野的开拓程度与看待问题的广度，这些都离不开丰厚的人文底蕴。一个具有博专兼顾、人格完善、知行合一、热爱生活、敬畏生命、尊重他人，具有人文情怀，追求真善美的人必将视野更加开阔，思维更加活跃，更有助于审辩性思维能力的形成，能力更强，更能获得人生的发展。因此，本科生必须接受通识教育，成为具有深厚人文底蕴而又全面发展的人。

三是良好的审辩性思维能力。审辩性思维是学习、掌握和使用特定技能的过程，是一种通过理性达到合理结论的过程，是 21 世纪人才必备的技能之一。审辩性思维能力要求本科生在面对问题时，要具有理性思维、批判质疑、勇于探究的科学精神，不盲目迷信教师、领导、专家和权威，会独立思考，不懈质疑。会根据自己的思考、学识、情感、经验和理性做出独立的判断，完成审问、慎思、明辨、决断的过程。无论是在校学习，还是将来走上工作岗位，审辩性思维能力都是构成本科生核心素养的最重要组成部分。

四是自主的学习能力。自主的学习能力是未来人才在竞争中立于不败之地的法宝，是构成终身学习能力的必备素养。高校的人才培养要使大学生乐学善学，正确理解学习的价值，培养浓厚的学习兴趣。要让他们具有终身的学习意识，鼓励其坚持带有问题导向的学习，养成良好的学习习惯，勤于反思，将审辩性思维贯穿在学习的全过程中，举一反三，形成自己的独到见解，使其在专业上要学有所悟、学有所得。此外，要培养大学生的自主学习能力，还要使其具有信息意识和信息素养，使他们既能够假以信息之便，科学认识和运用信息，还要在信息爆炸环境中进行深度思考，时刻保持内心的理性和判断力。

五是独特的职业能力。职业能力主要包括认知能力和岗位适应能力，认知能力是生成岗位适应能力的前提和基础。一般认为，认知能力主要包括观察、记忆、思维和想象等能力，思维能力是核心，创新能力是思维能力的最高形式。信息化的社会竞争实践证明，人才要特别突出战略思维、管理指挥、信息利用、实践创新等岗位适应能力的培养。其中，管理能力是最重要的综合能力，包括敏锐洞察能力、分析判断能力、运筹决策能力、组织协调能力、快速应变能力等；本科学生还要突出管理能力等岗位任职能力的培养。

第三节　审辩性思维与核心素养的内在联系

一、国际组织和世界各国将审辩性思维纳入"核心素养"

经济合作与发展组织在"素养的界定与遴选：理论框架与概念基础"中指出：核心素养的核心是反思性，它涉及元认知、创造力和审辩性思维的复杂心理过程，要求个体具有一定的社会成熟度，能够考虑不同观点，提出个人独立见解，并对自身行为负责。

2013 年 2 月，联合国教科文组织和美国布鲁金斯学会联合启动的"学习指标专项任务（LMTF）"发布了名为《走向普遍学习——每名学生应该学什么》的研究报告。该报告提出检测学生学习成果应涵盖 7 大维度，分别是身体健康、社会情绪、文化艺术、文学沟通、学习方法与认知、数字与数学、科学与技术等方面，这一学习指标体系被视为核心素养的描述性框架。LMTF 非常重视中小学学生思维能力和学习方法培养，处处渗透着培养学生创造性思维、审辩性思维、尊重、沟通、合作与解决问题的能力。

在法国，2016 年夏季入学时全面实施《知识、能力和文化的共同基础》，其中在领域"具有人和公民的基本素养"中提出"拥有反思和审辩性思维的能力"。

2010 年 3 月，新加坡教育部颁布了新加坡学生核心素养框架——"21 世纪素养"框架，直接以尊重、责任、正直、关爱、坚毅与和谐五大核心价值观为中心的三大技能中就有审辩性和创新思维，渗透在整个知识与技能培养过程当中。

日本制定"21 世纪关键能力"框架，其核心由"生存能力"向"思考力"转变，强调问题解决、审辩性思维和元认知能力，形成日本独具特色的核心素养理论。

综上所述，在世界各组织、各国家列出的核心素养、新型能力结构体系中，均能找到审辩性思维的影子，反映出审辩性思维已经成为 21 世纪人才所必须具备的素养。

二、我国学生发展核心素养与审辩性思维的内在联系

我国 2016 年发布的《中国学生发展核心素养》指出，中国学生发展核心素养以培养"全面发展的人"为核心，分为文化基础、自主发展和社会参与三个方面，综合表现为人文底蕴、科学精神、学会学习、健康生活、责任担当及实践创新等六大核心素养，具体细化为人文底蕴、人文情怀、审美情趣、理性思维、审辩质疑、勇于探究、乐学善学、勤于反思、信息意识、珍爱生命、健全人格、自我管理、社会责任、国家认同、国际理解、劳动意识、问题解决、技术运用等 18 个关键点。在六大核心素养中，科学精神、学会学习、健康生活、实践创新等均与审辩性思维的核心内涵直接相关。由此可见，审辩性思维与学生发展核心素养之间具有密切的联系，培养学生发展的核心素养，必须要培养其审辩思维能力。

三、高校本科生核心素养与审辩性思维间的内在联系

将审辩性思维的审辩性思维技能、审辩性思维品质下划分八个维度的能力：（1）搜集、鉴别、判断和评价信息的综合技能；（2）求真相；（3）开放思想；（4）分析能力；（5）系统化能力；（6）审辩性思维自信心；（7）求知欲；（8）认知成熟度，并一一给出与各个核心素养的关联性。

职业核心能力主要包括：

（1）管理能力和岗位任职能力。1）组织管理能力。能够准确理解上级意图、快速有效组织所属部门完成任务。与审辩性思维显著关联性：（1）～（8）。2）团队建设能力。能够组建高效运作团队。与审辩性思维显著关联性：（1）～（8）。

（2）职业基础能力。1）思想政治素质。爱国爱党，善于运用马克思主义立场观点解决现实问题。与审辩性思维显著关联性：（1）～（8）。2）科学文化素质。能够掌握自然科学、人文社会科学、公共工具、工程技术等知识。与审辩性思维显著关联性：（1）～（8）。3）职业素养。能够热爱本职工作，具有敬业和奉献精神。与审辩性思维显著关联性：无。4）专业技能：掌握专业知识以及基本的生产、销售、售后技能。与审辩性思维显著关联性：（1）～（8）。5）身体

心理素质。具有较好的身体素质、心理承受能力强。与审辩性思维显著关联性：
（3）～（6）、（8）。

通过归纳分类，除行业职业素养与审辩性思维没有明显关联，其他几项职业素养均与审辩性思维有关。因此，审辩性思维是高校本科生的核心素养重要组成部分。

第四章　普通高校学生审辩性思维培养经验分析

鉴于审辩性思维的重要性，国内外高校越发重视学生批判性思维的培养，逐渐把其列为重要培养目标。当前，有关批判性思维研究的学术论文著作、教学教材、学术活动不断增多，其中有众多经验值得挖掘与总结。本章主要从国内外高校两个角度概述总结国内外各高校经典做法，对于推广审辩性思维的培养意义重大。

第一节　国外普通高校审辩性思维培养经验分析

第二次世界大战以后，面临政治、经济和文化变革的冲击，审辩性思维成为各国教育改革的突破口，拥有高质量思维能力成为人类普遍的理想追求。美国作为审辩性思维研究的先行者，在 20 世纪 70、80 年代各高校均开设相关课程，并于 1994 年，正式将审辩性思维列入全国性的教育目标。目前，美国高等教育关于审辩性思维的研究已成体系，其中有许多经验值得我们借鉴。

一、积极回应社会发展的需求

教育与社会的关系，有一基本认识，即教育既受社会的制约，又反作用于社会[1]。仔细考究美国高等教育与美国社会的关系，不难发现美国高等教育对社会需求反应极其敏感，社会需求对高等教育改革发挥着至关重要的引领作用。美国高等教育发展较好的重要原因在美国教育市场机制的运作，美国学校自主和竞争的特点，促使它们十分注意市场运作机制的构建，它们必须能对市场变化迅速做出反应[2]。自 20 世纪 70 年代以来，美国知识分子数量减少、毕业生工作适应性差以及国际竞争压力加大等问题引发了人们对教育质量的担忧，在此背景下，越来越多的人认识到审辩性思维在社会经济、政治、生活中的重要作用。为此，美国众多高校在较短时间内完成社会调研，并将具备较强的审辩性思维能力作为培养目标。这就启示我们，高校学生的培养要聚焦未来竞争的特点，积极回应未来竞争对高素质人才的需要。

二、积极争取机构组织的支持

美国私立、非营利性质的教育机构在教育改革中扮演着智囊团的角色，众多机构、组织给予了审辩性思维研究充分的关注与支持，在很大程度上推动了研究的进程，这既是美国审辩性思维研究的特色，又是其一大优势。1980年，审辩性思维中心在美国成立；1990年，其姐妹组织，批判性思维基金会相继成立，这两个非盈利性组织为批判性思维领域的教育科研和理论发展作出了重要贡献[3]。其优势表现在两个方面，一是能够充分发挥社会力量，实现研究机构与大学的共赢；二是能够有效避免政府官员自我施政意志的干扰，推动研究的科学性、高效性、真实性。美国众多高校审辩性思维能力培养取得良好效果的一个重要原因就是各大学与众多机构组织进行合作，充分利用社会资源，展开项目研究。如伊利诺伊大学与形式逻辑和审辩性思维组织合作的"教学审辩性思维项目"；马萨诸塞波士顿分校与该组织合作的"审辩性思维与创新性思维"项目等。

三、积极进行课程与教学改革

课程与教学改革是美国各高校审辩性思维培养的重头戏。西方国家对审辩性思维课程、教材、考试等方面做出系列改革。具体来讲，在课程设置类型方面，独立型课程、融合型课程、综合性课程三种课程类型共同用于审辩性思维的培养。20世纪末，美国、加拿大、澳大利亚和新西兰等国已有40%以上的大学开设批判性思维课程[4]；在教学模式方面，主要有恩尼斯五步法、加州模式和保罗教学模式等；在教学方法方面有"启发教学法""案例教学法""项目教学法"和"切块拼接式"学习法等。关于这一部分，在外国研究综述的论述中已有详细的介绍，在这里不再赘述。

四、积极争取政策支持

美国政府高度重视教育的作用，尤善以忧患意识将教育困境与国家未来联系起来。自美国兴起审辩性思维运动以来，出台了一系列政策制度（见表4-1），有效地保证了审辩性思维运动制度化的展开。

表4-1　美国支持审辩性思维能力培养政策

年份	政　策	关于审辩性思维的内容
1983	《国家处于危机之中：教育改革势在必行》	在教学内容、标准要求、时间安排、教学、领导与财务五个方面培养审辩性思维
1984	《投身学习：发挥美国教育的潜力》	高等教育要让学生为未来做好准备，使学生具备审辩性思维能力来适应不断变
1989	《普及科学——美国2061计划》	科学教育使学生具备分析、逻辑推理等审辩性思维能力

年份	政　　策	关于审辩性思维的内容
1994	《2000 年目标：美国教育法》	提出改善教育的八大教育目标，包括准备学习；学数学和科学；成人读写能力和终身学习等
1995	《国家科学教育标准》	科学教育要掌握正确的教学方法，培养学生的审辩性思维能力和团结合作的精神
2001	《不让一个孩子掉队》	加强中小学数学、科学和阅读教育，发展和提高学生的信息能力、信息检索和审辩性思维能力
2009	奥巴马政策讲话	21 世纪的学生要具备问题解决、审辩性思维和创造力等能力
2010	《共同核心州立标准》	例如英语语言艺术标准和数学标准中出台了相应的学习要求，培养学生的审辩性思维

第二节　国内普通高校审辩性思维培养经验分析

自 20 世纪 80 年代以来，我国对审辩性思维研究方兴未艾，取得一系列成就。当前审辩性思维研究依然是我国学术届的研究热点，不同领域学者基于不同研究视角开展研究，取得了丰富的研究成果，其中有些本土性的研究经验值得我们分析、总结、反思。总体来说主要包括两个方面，一是理论构建，二是实践研究。

一、重视理论研究

审辩性思维相关理论研究是审辩性思维实践的基础，随着研究不断深入，审辩性思维研究理论日益复杂，逐渐构建起符合中国特色的理论框架。第一，坚持多学科、宽领域的视角推进审辩性思维理论研究，目前，哲学、心理学、教育学、医学等学科呈现出交织发展的趋势。例如审辩性思维与逻辑思维的关系，审辩性思维与创新思维的关系，审辩性思维在创新实践中的机制作用，审辩性思维教学范式等课题逐渐受到学者的关注。第二，坚持编制符合中国特色的审辩性思维测量工具且问卷工具日益完善。例如罗清旭教授[5]对《加利福尼亚审辩性思维倾向问卷》中文版的初步修订；汕头大学高等教育研究所编制的审辩性思维问卷；赵婷婷等人[6]做的 EPP（中国）批判性思维能力试测报告；王琳璐同学[7]编制的大学生审辩性问卷；黄程琰[8]开展的大学生批判性思维倾向的量表编制与实测；杨晶[9]编制的小学生审辩性思维问卷等。第三，坚持开展追踪研究，动态考察审辩性思维。目前，一些关于审辩性思维跟踪式研究正在逐步深化。总而言之，在我国审辩性思维研究范围不断扩展，研究对象日益丰富，研究理论正在走向深化阶段。就院校而言，可以组织相关专家对审辩性思维展开研究，并致力于编制一套符合高校本科学生特色的审辩性思维调查问卷。

二、强化教学实践

在西方审辩性思维课程化潮流的影响下，我国各学段尤其是高等教育阶段把审辩性思维作为学生必备思维之一。第一，开设与审辩性思维相关的课程。例如，2003 年，谷振诣教授在北京大学和中国社会科学院大学（当时是中国青年政治学院）开设"逻辑与审辩思维"通识选修课，目的在于通过对论证的理解、分解、重构和评估进行逻辑训练，从而提高学生审辩性思维；北京大学为"元培计划"实验班设置一系列逻辑课程。李继先教授开设"审辩性思维——方法和实践"，运用跨学科相关知识（逻辑基础、科学哲学、统计学基础、语用学、社会认知心理学、决策性基础），培养学生审视自己或他人的信念、言谈和写作，理性地决定该相信什么，如何决策等，目的在于培养学术领域中新理论的发现和创造者。第二，创新课堂教学模式。钟启泉教授在对保罗的审辩性思维教学考察后，从"文化适应"关系提出了一种新型课堂教学模式，称为"思维型教学文化"，它要求教师在课堂中从思维语言、思维倾向、思维控制、策略精神、高层次知识和转换等来创造"思维文化"，目的是学生不再被动接受知识，而是积极进行合理性怀疑探究。第三，革新教学方法，清华大学"道德推理中的审辩性思维"在主课堂外，每周安排一次约 15 人的小班讨论。助教根据本周学习内容及时事热点选定讨论话题。此外，每次上课前，要求同学阅读文本。中国政法大学"审辩性思维"主要采用案例分析和实践教学。课堂案例分析以学生为主，老师主持讨论和管理讨论程序，最后进行评论讨论。华中科技大学"审辩性思维"以审辩性原则为出发点和落脚点，采用提问、讨论、审议、辩论、课外研究等形式进行启发式和互动式教学。第四，成立专门的审辩性思维研究中心，组建审辩性思维研究团队。当前，国内众多高校在审辩性思维研究方面已经取得一系列研究成果，如北京师范大学、华中科技大学、汕头大学等。其他院校可以学习借鉴其经验，结合自身特点，创新审辩性思维教学模式。

三、加强社会推广

近年来，随着国内批判性思维研究的不断深入，与审辩性思维相关的各种学术研讨、培训活动呈现出蓬勃发展之势。第一，各种学术研讨会举行的频次不断增加。在高等教育领域方面，自 2011～2019 年，审辩性思维与创新教育研讨会已经连续举办九届，对审辩性思维研究现状和问题矛盾进行总结、研讨。在基础教育阶段，2016 年首届全国基础教育审辩性教育研讨会在北京八一学校举行，聚焦审辩性思维发展现状及课堂教学研究两个主题，截至 2019 年已经连续举办四届。除全国性的研讨会之外，各高校、各基础学校举办的相关研讨会也逐渐增多起来。第二，审辩性思维教师培训班的质量与数量不断提高，如华中科技大学举办的专题培训班，北京大学举办的审辩性思维教师高级培训班等。

参 考 文 献

［1］南京师范大学教育系．教育学［M］．北京：人民教育出版社，1984.44~70.

［2］石欧，刘丽群．意识、手段、机制：我们对美国教育的借鉴［J］．湖南师范大学社会科学学报，2000（5）：90.

［3］郑鲁晶．批判性思维和思维品质——两大思维教学理念对比分析［J］内蒙古师范大学学报（教育科学版）2012（2）：91.

［4］黄朝阳．加强批判性思维教育，培养创新型人才［J］．教育研究，2010（5）：69~74.

［5］罗清旭，杨鑫辉．《加利福尼亚批判性思维倾向问卷》中文版的初步修订［J］．心理发展与教育，2001，（3）：47~51.

［6］赵婷婷，杨翊，刘欧．大学生学习成果评价的新途径——EPP（中国）批判性思维能力试测报告［J］．教育研究，2015（9）：64~71，118.

［7］王琳璐．自编大学生批判性思维问卷的修订与施测［D］．汕头：汕头大学，2011.

［8］黄程琰．大学生批判性思维倾向的量表编制与实测［D］．重庆：西南大学，2015.

［9］杨晶．小学生批判性思维倾向调查问卷的初步编制与应用［D］．武汉：华中科技大学，2018.

第五章 高校本科生审辩性思维现状测量及问题分析

第一节 调查目的、方法与工具

一、调查目的

目前，审辩性思维研究已经成为学术界研究的热点话题，相关理论与实践研究正如火如荼地展开。一般而言，思维决定行动的质量，高校本科学生作为经济社会建设的骨干力量，其审辩性思维能力的强弱已经成为制约其能否适应未来竞争形态变化，能否打赢未来竞争的关键因素。通过前几章的分析，我们初步厘清了审辩性思维的基本概念和相关理论。本书调查的主要目的在于了解当前高校本科生的审辩性思维质量现状，具体包括以下几个问题：第一，高校本科生审辩性思维能力总体水平及各维度得分情况；第二，不同年级即大一、大四本科生在审辩性思维能力上是否存在统计学上的差异性；第三，不同类型学生（A、B 两类学生）在审辩性思维能力上是否存在统计学上的差异性；第四，高校本科生的审辩性思维倾向和技能存在何种相关关系；第五，不同院校本科生在审辩性思维能力是否存在统计学上的差异。本节在对调研数据分析的前提下，提出审辩性思维能力培养存在的问题、难点及需要改进的问题。

二、调查方法与工具

本书调查主要采用问卷调查的方法，利用 SPSS25.0 软件进行数据统计、分析。其中主要采用了描述统计、均值比较、独立样本 t 检验、单因素方差分析以及相关性分析等方法。

（一）《加利福尼亚审辩性思维倾向问卷》（CCTDI）的介绍与应用

Facione 等人设计 CCTDI（California Critical Thinking Disposition Inventory）量表包括 7 个维度，主要包括求真性、开放性、分析性、系统化思维、审辩性思维的自信心、求知欲和认知成熟度，共计 75 个项目。量表采用 6 分制 Likert 量表格式，1＝非常赞同，6＝非常不赞同，全卷约用 20min 完成。CCTDI 的 α 值为 0.9，7 个维度的 α 值为 0.72~0.80，显示有较高的内部一致性[1]。其中彭美慈、汪国成等人[2]

从护理学学科出发，尝试从概念等值的层面，对 CCTDI 做出本土化处理，修订而成的 CTDI-CV 内容效度为 0.89，α 值为 0.90，特质的 α 值为 0.54~0.77。

（二）《加利福尼亚审辩性思维技能测试》（CCTST）的介绍和应用

CCTST（California Critical Thinking Skills Test）以美国心理协会（APA0）于 1990 年形成的审辩性思维理论为基础而编制，并认为审辩性思维技能包括解释、分析、评价、推理、说明、自我调节 6 个维度。罗清旭与杨鑫辉[3]修订的中文版审辩性思维技能问卷相隔 1 个月的重测相关系数为 0.63，$P<0.01$；两次分半相关系数为 0.75 和 0.80，P 值均小于 0.01，问卷信度、效度较好。

目前，《加利福尼亚审辩性思维倾向问卷》与《加利福尼亚审辩性思维技能测试》两套测验工具已经成为审辩性思维研究的常用工具，具有一定的权威性。因此，在本书问卷调查中主要采用了上述两套问卷。

《加利福尼亚审辩性思维倾向问卷（中文版）》问卷，全问卷共分为 7 个维度，共计 70 道题项。每一维度 10 题项，其中正性项目共 30 题，负性的有 40 题。表 5-1 为问卷构成具体情况。

表 5-1　加利福尼亚审辩性思维倾向问卷（中文版）

维度	题项	数目
寻求真理	1~10	10
思想开放	11~20	10
分析性	21~30	10
系统性	31~40	10
自信心	41~50	10
好奇性	51~60	10
认知成熟度	61~70	10

《加利福尼亚审辩性思维技能测试（中文版）》将审辩性思维技能分为阐明、分析、推理、评价、解释、自我调节 6 项技能。其中阐明技能共计 2 题，占比 5.9%；分析技能共 3 题，占比 8.8%；推理技能共 10 题，占比 29.4%；评价技能 13 题，占比 38.2%；解释技能共 4 题，占比 11.8%；自我调节技能共 2 题，占比 5.9%，详细状况见表 5-2。

表 5-2　审辩性思维技能量表题目归类

六项技能	题　号	总计	占比/%
阐明	28、29	2	5.9
分析	11、13、23	3	8.8
推理	1、4、8、12、15、21、22、26、27、31	10	29.4

六项技能	题　　号	总计	占比/%
评价	2、7、14、16、17、19、20、24、25、30、32、33、34	13	38.2
解释	3、5、6、18	4	11.8
自我调节	9、10	2	5.9

第二节　问卷适用性分析

一、预试问卷分析

本书问卷调查共由两部分问卷组成，一是《加利福尼亚审辩性思维倾向问卷（中文版）》，二是《加利福尼亚审辩性思维技能测试（中文版）》。由于《加利福尼亚审辩性思维倾向问卷（中文版）》属于量表型问卷，根据研究需要，进行了预测与实测调查，以检验问卷的切实度。

由于直接采用现有问卷，考虑到研究对象的不同，需要对问卷进行问卷项目分析，以检验现有问卷或测验个别题项的切实或可靠程度。在项目分析之前，已经完成反向计分题目的数据转换。

（一）临界比值

在项目分析判别指标中，最常用的是临界比值法（critical ration），又称极端值法，它是根据测验总分区分出高分受试组与低分受试组后，再求出高、低组在每个题项的平均数的差异性[4]。一般在决断值分析中，以量表总分的前27%作为高分组（325以上为高分组）和后27%作为低分组（291分以下为低分组）进行独立样本t检验。当题项的决断值检验未达到显著性（$P>0.05$），即此题项的临界比值未达到显著。在量表分析中，若采用极端值的临界比，一般将临界值比值的t统计量的标准设为3.000，若是题项的高低分组差异的t统计量小于3.000，则表示题项的鉴别度较差，可以考虑将之删除。高、低组独立样本t检验具体情况见附表2。

通过观察独立样本t检验的统计量表，首先要判别两组方差是否相等，如经过levene法检验，如P值大于0.05，方差相等，观测第一行"假设方差相等"行数据；如P值小于0.05，达到0.05显著水平应拒绝原方差相等假设，接受对立面数据方差不相等假设，此时需观察第二栏"不假设方差相等"数据。

在上述t检验过程中除8题（$t=-0.147$，$P=0.884>0.05$）、10题（$t=2.282$，$P=0.24>0.05$），11题（$t=2.265$，$P=0.09>0.05$），12题（$t=2.107$，$P=0.37>0.05$），17题（$t=-1.101$，$P=0.272>0.05$），21题（$t=-1.666$，$P=$

0.98>0.05），22 题（$t = 2.220$，$P = 0.28 > 0.05$），24 题（$t = 0.308$，$P = 0.759 > 0.05$），66 题（$t = 1.180$，$P = 0.239 > 0.05$），其余题项高低分组平均数差异的 t 检验显著性水平均达到 0.05 的显著水平，t 值均大于 3.000。因此，从决断值指标来看，需要删除现有问卷中的上述 9 题。

在项目分析中，除了采取极端值法外，也可采用同质性检验。同质性检验包括题项与量表总分相关、整份量表内在一致性信度检验值。本节内容将通过上述办法进一步进行项目分析。

（二）题项与总分相关

个别题项与总分相关程度越高，说明题项与整体量表的一致性越高，所要测得的心理特质或潜在行为更为接近。一般来讲当题项与总分相关的显著性（双尾）P 值大于 0.05 时，说明两者相关性不高，最好删除该题项，检测结果详见附录 5。

通过附录五数据可以得出，问卷中第 8、11、12、17、21、22、24、66 题与总体量表的一致性较低，应该予以删除，此结论也进一步验证了临界比值法的结论。

（三）求内部一致性 α 系数（信度检验）

信度检验是量表问卷不可缺少的一步，信度是指测验所得结果的一致性或稳定性，是衡量被测试真实程度的重要指标。在社会科学领域有关类似李克特量表信度的估计多采用克隆巴赫 α（Cronbach's α）系数，信度系数越高反映量表的内在一致性越高。学者德维利斯（R. F. DeVellis）认为，任何测试或量表的 Cronbach's α 系数如果在 0.60~0.65 最好不要；0.65~0.70 为最小可接受值；0.70~0.80 为相当好；0.80~0.90 为非常好[5]。预测问卷总体信度及各分维度信度见表5-3。

表5-3　审辩性思维倾向预测问卷信度

维度	Cronbach's α	基于标准化项的 Cronbach's α
总体	0.916	0.922
寻求真理	0.676	0.690
思想开放	0.529	0.540
分析推理	0.657	0.693
系统化	0.783	0.787
自信心	0.801	0.810
求知欲	0.790	0.801
认知成熟度	0.703	0.718

通过以上数据我们可得知，预测问卷的总体信度为 0.916，问卷信度非常好。从分维度来看，除思想开放性维度信度较低，其他各维度信度都可接受。

（四）共同性与因素负荷测量

共同性表示题项能解释共同特质或属性的变异量。若题项的共同性越大，表示测得的行为或心理特质的共同因素与题项的关系越密切。共同性值低于 0.2，则表明题项与共同性不密切。因素负荷量表示题项与因素关系的程度，题项在共同因素（即审辩性思维倾向）的因素负荷量越高，表示题项与共同因素的关系越密切，在进行项目分析时，如题项的因素负荷量小于 0.45，题项可以考虑删除。因素分析的前提条件是进行 KMO 和巴特利特检验，具体数据见表 5-4。

表 5-4　KMO 和巴特利特检验

KMO 取样适切性量数		0.862
巴特利特球形度检验	近似卡方	9512.823
	自由度	2415
	显著性	0.000

检测结果表示，KMO 为 0.862，巴特利特检验的近似卡方值为 9512.823，达到 0.05 显著水平。当 KMO 值越大，表明变量间的共同因素越多，变量间的净相关系数越低，越适合进行因素分析。

因素共同性分析数据见表 5-5。

表 5-5　共同性

题项	初始值	萃取值	题项	初始值	萃取值	题项	初始值	萃取值
第 1 题	1.000	0.306	第 13 题	1.000	0.351	第 25 题	1.000	0.498
第 2 题	1.000	0.222	第 14 题	1.000	0.452	第 26 题	1.000	0.443
第 3 题	1.000	0.298	第 15 题	1.000	0.435	第 27 题	1.000	0.536
第 4 题	1.000	0.538	第 16 题	1.000	0.221	第 28 题	1.000	0.438
第 5 题	1.000	0.180	第 17 题	1.000	0.276	第 29 题	1.000	0.496
第 6 题	1.000	0.343	第 18 题	1.000	0.287	第 30 题	1.000	0.427
第 7 题	1.000	0.404	第 19 题	1.000	0.354	第 31 题	1.000	0.331
第 8 题	1.000	0.146	第 20 题	1.000	0.248	第 32 题	1.000	0.525
第 9 题	1.000	0.589	第 21 题	1.000	0.364	第 33 题	1.000	0.597
第 10 题	1.000	0.320	第 22 题	1.000	0.350	第 34 题	1.000	0.417
第 11 题	1.000	0.346	第 23 题	1.000	0.364	第 35 题	1.000	0.543
第 12 题	1.000	0.224	第 24 题	1.000	0.409	第 36 题	1.000	0.392

题项	初始值	萃取值	题项	初始值	萃取值	题项	初始值	萃取值
第37题	1.000	0.430	第49题	1.000	0.593	第61题	1.000	0.282
第38题	1.000	0.396	第50题	1.000	0.444	第62题	1.000	0.466
第39题	1.000	0.371	第51题	1.000	0.382	第63题	1.000	0.363
第40题	1.000	0.406	第52题	1.000	0.338	第64题	1.000	0.392
第41题	1.000	0.434	第53题	1.000	0.508	第65题	1.000	0.359
第42题	1.000	0.283	第54题	1.000	0.613	第66题	1.000	0.405
第43题	1.000	0.451	第55题	1.000	0.612	第67题	1.000	0.222
第44题	1.000	0.553	第56题	1.000	0.448	第68题	1.000	0.434
第45题	1.000	0.486	第57题	1.000	0.393	第69题	1.000	0.478
第46题	1.000	0.558	第58题	1.000	0.525	第70题	1.000	0.469
第47题	1.000	0.475	第59题	1.000	0.549			
第48题	1.000	0.341	第60题	1.000	0.478			

提取方法：主成分分析法。

二、确定正式问卷

(一) 正式问卷结构

通过上述对审辩性思维倾向问卷预测卷的分析，删除切实度不高的题项，最终形成审辩性思维正式问卷。问卷具体情况见表5-6。

表5-6　正式问卷构成

维度	题　　项	数目
寻求真理	1、2、3、4、5、6、7、9	8
思想开放	13、14、15、16、18、19、20、	7
分析性	23、25、26、27、28、29、30	7
系统性	31、32、33、34、35、36、37、38、39、40	10
自信心	41、42、43、44、45、46、47、48、49、50	10
好奇性	51、52、53、54、55、56、57、58、59、60	10
认知成熟度	61、62、63、64、65、67、68、69、70	9
合计		61

在本文问卷中分7个维度，共计61道题，其中1、2、3、4、5、6、7、9、14、15、16、18、19、20、28、29、30、35、36、37、38、39、40、50、58、

59、60、61、62、63、64、65、67、68、69、70 为反向题（共 36 道），13、23、25、26、27、31、32、33、34、41、42、43、44、45、46、47、48、49、51、52、53、54、55、56、57 为正向题（共 25 道）。

（二）正式问卷信度

正式问卷信度见表 5-7。

表 5-7　正式问卷信度

维度	Cronbach's α	基于标准化项的 Cronbach's α	项目数
总体	0.926	0.930	61
寻求真理	0.680	0.687	8
思想开放	0.601	0.607	7
分析推理	0.706	0.715	7
系统化	0.779	0.782	10
自信心	0.793	0.803	10
求知欲	0.801	0.815	10
认知成熟度	0.742	0.757	9

（三）正式问卷效度

KMO 和巴特检验数据见表 5-8。经过 KMO 检验系数为 0.940，根据学者 Kaiser（1974）的观点，若果 KMO 值小于 0.5 时，较不易进行因素分析。此处，KMO 检验系数为 0.940 且 P 值小于 0.05，故本量表具有较好的结构效度。

表 5-8　KMO 和巴特利特检验

KMO 取样适切性量数	0.940
巴特利特球形度检验近似卡方检验	28449.206
自由度	1830
显著性	0.000

量表的 KMO 检验系数为 0.94>0.5，且 P 值小于 0.05，故本量表具有较好的结构效度。通过同共性及主成分分析方法可知（见表 5-9），题项的共同性都高于 0.2，进一步证明了本问卷效度较高，可以进行高校本科生审辩性思维倾向分析。

表 5-9 共同性

题项	初始值	提取	题项	初始值	提取	题项	初始值	提取
1	1	0.393	30	1	0.446	51	1	0.542
2	1	0.618	31	1	0.504	52	1	0.516
3	1	0.710	32	1	0.558	53	1	0.629
4	1	0.527	33	1	0.588	54	1	0.687
5	1	0.435	34	1	0.489	55	1	0.709
6	1	0.442	35	1	0.507	56	1	0.533
7	1	0.438	36	1	0.446	57	1	0.622
9	1	0.494	37	1	0.467	58	1	0.674
13	1	0.439	38	1	0.531	59	1	0.728
14	1	0.473	39	1	0.477	60	1	0.535
15	1	0.486	40	1	0.453	61	1	0.563
16	1	0.376	41	1	0.543	62	1	0.556
18	1	0.522	42	1	0.460	63	1	0.466
19	1	0.499	43	1	0.542	64	1	0.467
20	1	0.527	44	1	0.583	65	1	0.481
23	1	0.449	45	1	0.514	67	1	0.369
25	1	0.545	46	1	0.634	68	1	0.538
26	1	0.529	47	1	0.482	69	1	0.580
27	1	0.596	48	1	0.464	70	1	0.569
28	1	0.474	49	1	0.618			
29	1	0.518	50	1	0.453			

第三节　调查对象

一、审辩性思维倾向预测卷调查对象

为了全面了解高校本科生审辩性思维倾向情况，在统筹考虑人力、物力及财

力的情况下，本次问卷初测选择了 6 所不同高校，发放问卷 360 份，实际收回
344 份，回收率为 93.99%。问卷被试样本具体情况见表 5-10。

表 5-10　审辩性思维倾向预测问卷被试样本

院校	大四		大一		总数
	A 类	B 类	A 类	B 类	
A	15	5	15	5	40
B	15	10	20	5	50
C	15	20	15	10	60
D	20	10	15	15	60
E	15	10	15	10	50
F	25	11	23	25	84
总数	105	66	103	60	344

二、审辩性思维倾向实测卷调查对象

在问卷调查中，审辩性思维能力测评问卷分两部分完成。审辩性思维倾向问
卷共计发放问卷 1500 份，剔除无效问卷，最终有效问卷为 1477 份，问卷回收率
为 98.47%。具体数据见表 5-11。

表 5-11　审辩性思维倾向问卷正式测被试样本

院校	大四		大一		总数
	A	B	A	B	
A	92	8	74	20	194
B	74	20	93	13	200
C	25	10	117	19	171
D	65	16	67	33	181
E	71	25	71	29	196
F	124	79	175	178	556
总数	451	158	597	292	1477

三、审辩性思维技能问卷调查对象

审辩性思维技能问卷共计发放问卷 1500 份，剔除无效问卷，共计回收有效
问卷 1483 份，问卷回收率 98.87%。

第四节　审辩性思维能力问卷数据分析

一、高校本科生审辩性思维倾向分析

（一）高校本科生审辩性思维倾向总体得分比例情况分析

通过量表数据（见表5-12）可得知，在审辩性思维倾向整体得分情况来看，得分在350分以上学生有238人，占比16.11%；得分在280~349分之间的有719人，占比48.68%；呈现出矛盾状态的有480人，占比32.50%；不具备审辩性思维倾向性的有40人，占比2.3%。总体来说，大部分学生（占比64.79%）具有正性审辩性倾向思维，部分学生表现出强的审辩性思维。同时也可以看出，部分学生不具备审辩性倾向思维。

表5-12　高校本科生审辩性思维倾向总体情况

审辩性思维倾向水平	负性	矛盾	正性	强
总分	≤209	210~279	280~349	≥350
人数（占比）	40（2.3%）	480（32.50%）	719（48.68%）	238（16.11%）

（二）高校本科生审辩性思维倾向各维度情况

根据前文描述，批判性思维倾向共分为7个子维度，那么某行业的本科生在7个维度得分状况是我们要研究的问题。具体数据统计见表5-13。

表5-13　高校本科生审辩性思维倾向各维度情况

各维度	负性（≤29）	矛盾（30~39）	正性（40~49）	强（≥50）
寻求真理（占比）	123（8.3%）	260（31.14%）	791（53.56%）	303（7.7%）
思想开放（占比）	58（3.9%）	239（16.18%）	647（43.80%）	533（36.09%）
分析性（占比）	140（9.5%）	427（28.91%）	576（39.0%）	343（23.22%）
系统性（占比）	101（6.8%）	522（35.34%）	489（33.11%）	365（24.71%）
自信性（占比）	58（3.9%）	506（34.26%）	760（51.46%）	211（14.29%）
好奇性（占比）	75（5.1%）	262（17.74%）	562（38.05%）	578（39.1%）
成熟性（占比）	103（7.0%）	243（16.45%）	628（46.2%）	503（34.1%）

根据CCTDI量表使用手册，各子量表得分高于50分者，则说明被试在审辩性思维倾向方面为强；得分处于40~49分区间者，则说明被试具有正性的审辩性思维倾向；得分低于39分，则说明被试可能在该倾向方面为弱，其中得分处

于 30~39 分区间者，则说明被试学生在该倾向呈矛盾状态；而得分在 29 分以下者，则说明被试的审辩性思维倾向与该量表所反映的审辩性思维倾向相背离，具有负性的审辩性思维倾向。

在寻求真理维度，得分在 50 分以上，审辩性思维倾向方面达到强思维的学生有 403 人，占比 7.7%；得分在 40~49 分之间，具有正性审辩性思维倾向的有 791 人，占比 53.56%；得分在 30~39 分之间的，表现出矛盾态度的有 260 人，占比 31.14%；表现出具有负性的审辩性思维倾向有 123 人，占比 8.3%。通过数据可以看出只有少部分学生在寻求真理方面表现出负性审辩性思维与强的审辩性思维。

在思想开放方面，得分在 50 分以上的有 533 人，占比 36.09%；得分在 40~49 分之间的有 647 人，占比 43.80%；得分在 30~39 分之间的有 239 人，占比 16.18%；得分在 10~29 分之间的有 58 人。经过数据间的比较可以看出，在思想开放方面，部分学生具有正性及强审辩性思维，部分学生在此方面表现较差。

在分析性维度方面，得分在 50 分以上的有 343 人，占比 23.22%；得分在 40~49 分之间的有 576 人，占比 39.0%；得分在 30~39 分之间的有 427 人，占比 28.91%；得分在 10~29 分之间的有 140 人。

在系统性维度方面，得分在 50 分以上的有 365 人，占比 24.71%；得分在 40~49 分之间的有 489 人，占比 33.11%；得分在 30~39 分之间的有 522 人，占比 35.34%；得分在 10~29 分之间的有 101 人，占比 6.8%。

在自信心维度方面，得分在 50 分以上的有 211 人，占比 14.29%；得分在 40~49 分之间的有 760 人，占比 51.46%；得分在 30~39 分之间的有 506 人，占比 34.26%；得分在 10~29 分之间的有 58 人，占比 3.9%。

在好奇性维度方面，得分在 50 分以上的有 578 人，占比 39.1%；得分在 40~49 分之间的有 562 人，占比 38.05%；得分在 30~39 分之间的有 262 人，占比 17.74%；得分在 10~29 分之间的有 75 人，占比 5.1%。

在认知成熟度维度方面，得分在 50 分以上的有 503 人，占比 34.1%；得分在 40~49 分之间的有 628 人，占比 46.2%；得分在 30~39 分之间的有 243 人，占比 16.45%；得分在 10~29 分之间的有 103 人，占比 7.0%。

由图 5-1 可得知，高校本科生审辩性思维倾向各维度平均分由大到小依次是成熟性、思想开放性、好奇性、自信心、分析性、寻求真相性、系统性。

（三）高校本科生审辩性思维倾向差异性分析

1. 大一和大四学生审辩性思维倾向总体得分差异性分析

独立样本 t 检验可以明显检测出不同年级审辩性思维倾向的得分差异性，其前提条件要求数据服从正态分布，通过 Q-Q 图可以观察数据是否是正态分布，

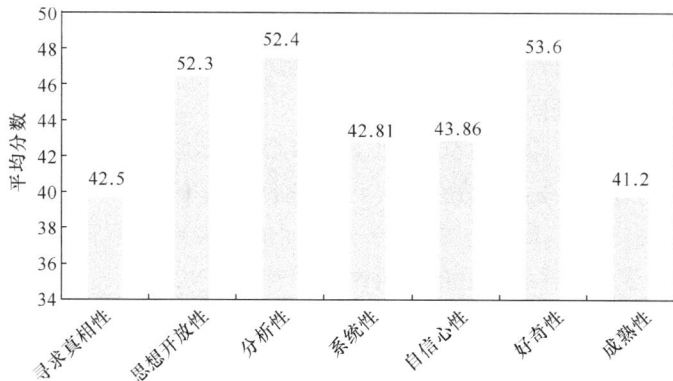

图 5-1　审辩性思维倾向维度

当数据绝大部分的点在直线附近，那说明数据为正态分布。大一、大四学生审辩性思维倾向总体情况数据为正态分布，故方差齐性，可以进行独立样本 t 检验，具体数据如图 5-2 和图 5-3 所示。

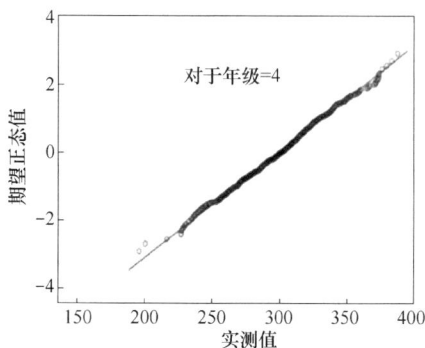

图 5-2　大四学生审辩性思维倾向总分 Q-Q 图

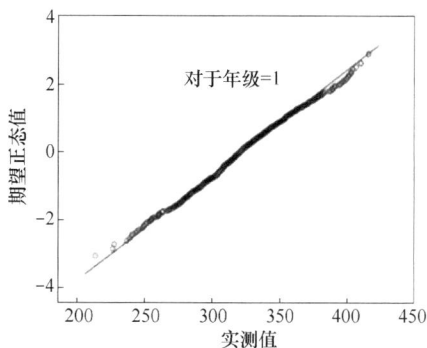

图 5-3　大一学生审辩性思维倾向总分 Q-Q 图

通过表 5-14 数据可以看出,不同年级独立样本 t 检验统计量为-12.209,就大四、大一学生审辩性思维倾向的双尾 P 值的显著差异 sig = 0.000（小于 0.05）的结果来看,大四、大一学生审辩性思维倾向有统计学上的显著性差异。

表 5-14 高校本科生审辩性思维倾向测评总分独立样本 t 检验

项目	方差方程的 Levene's 方差检验			均值方程体检验						
	类别	F 值	显著性水平	t 值	自由度	显著性水平	均值差值	标准误差值	差值95%置信区间	
									下限	上限
倾向总体	假定等方差	0.355	0.405	−11.10	1475	0.000	−25.75	1.369	−22.36	−19.417
	不假定等方差			−11.19	1256	0.000	−26.75	1.456	−21.99	−15.411

本节进一步通过均值分析来探讨大一、大四的差异性,具体数据见表 5-15。

表 5-15 大一、大四学生审辩性思维倾向总体情况比较

项目	年级	个案数	平均值	标准差	标准误差
倾向总分	大四	574	305	32.9636	1.6345
	大一	903	315	34.298	1.475

上述数据显示,大一均值为 315 分,大四均值为 305 分,大一学生的均值高于大四学生的均值,说明大一学生在审辩性思维倾向方面优于大四学生。

2. 大一和大四本科生审辩性思维倾向各维度差异性分析

为了进一步探究大一、大四年级本科学生审辩性思维倾向在各维度的差异性,分析其原因,本节进一步对大一、大四在 7 个维度上的得分进行独立样本 t 检验,结果见表 5-16。

表 5-16 大一、大四学生审辩性思维倾向各维度独立样本 t 检验

项目	方差方程的 Levene's 方差检验			均值方程体检验						
	类别	F 值	显著性水平	t 值	自由度	显著性水平	均值差值	标准误差值	差值95%置信区间	
									下限	上限
维度一	假定等方差	4.138	0.014	−7.230	1475	0.000	−3.9374	0.4569	−3.63750	−2.237
	不假定等方差			−7.057	1203.8	0.000	−3.937	0.4459	−3.147	−1.791

续表 5-16

项目		方差方程的 Levene's 方差检验		均值方程体检验						
	类别	F 值	显著性水平	t 值	自由度	显著性水平	均值差值	标准误差值	差值 95% 置信区间	
									下限	上限
维度二	假定等方差	4.664	0.027	−7.558	1475	0.000	−3.761	0.2262	−3.3939	−2.128
	不假定等方差			−7.333	1112.3	0.000	−3.761	0.3135	−3.4112	−2.110
维度三	假定等方差	1.452	0.228	−7.669	1475	0.000	−3.390	0.3177	−3.0024	−1.779
	不假定等方差			−7.577	1170.9	0.000	−3.390	0.3155	−3.0100	−1.771
维度四	假定等方差	3.271	0.071	−11.34	1475	0.000	−3.897	0.344	−4.571	−3.223
	不假定等方差			−11.54	1290.1	0.000	−3.897	0.338	−4.559	−3.234
维度五	假定等方差	0.414	0.520	−5.019	1475	0.000	−1.650	0.329	−2.294	−1.005
	不假定等方差			−5.050	1253.99	0.000	−1.650	0.327	−2.290	−1.009
维度六	假定等方差	3.011	0.083	−12.097	1475	0.000	−3.888	0.321	−4.518	−3.257
	不假定等方差			−11.905	1145.46	0.000	−3.888	0.327	−4.528	−3.247
维度七	假定等方差	6.772	0.003	−4.479	1475	0.000	−2.725	0.321	−3.355	−2.095
	不假定等方差			−5.258	1133.27	0.000	−2.725	0.330	−3.373	−2.078

通过以上数据我们可以看出，在审辩性思维倾向的 7 个维度上，双尾 P 值的显著差异为 0.000 均小于 0.05，说明大一、大四学生在审辩性思维倾向的各个维度上均存在统计学上的差异。为了进一步解释这种差异性，本节对大一、大四学生在各维度的总分的均值进行分析，具体数据见表 5-17。

表 5-17　大一、大四学生审辩性思维倾向各维度得分情况

项　目	年级	个案数	平均值	标准差	标准误差
维度一总分	大四	574	40.91	5.122	0.196
	大一	903	42.85	5.630	0.191
维度二总分	大四	574	46.12	5.065	0.222
	大一	903	48.47	5.260	0.217

项　目	年级	个案数	平均值	标准差	标准误差
维度三总分	大四	574	46.74	6.282	0.245
	大一	903	48.40	6.848	0.142
维度四总分	大四	574	43.42	5.785	0.432
	大一	903	45.32	6.232	0.247
维度五总分	大四	574	46.84	5.253	0.265
	大一	903	48.49	4.630	0.209
维度六总分	大四	574	46.04	5.355	0.119
	大一	903	49.93	6.843	0.247
维度七总分	大四	574	45.57	6.586	0.259
	大一	903	48.56	4.478	0.175

从表中数据可以看出，在审辩性思维倾向的 7 个维度方面，大一学生的得分均高于大四学生；在维度一方面，两者相差 1.94 分；在维度二方面，两者相差 2.35；在维度三方面，两者相差 1.66 分；在维度四方面，两者相差 2 分；在维度五方面，两者相差 1.65 分，在维度六方面，两者相差 3.89 分；在维度七方面，两者相差 2.99 分。以上数据说明，经过四年的大学本科教育，在审辩性思维倾向方面，大四学生在各个维度较大一学生有所下降，其原因可能在于生源质量、教学内容、教学方式等多方面原因。

为了更好的分析大一、大四在各维度上的表现，本节对大一、大四在各个维度上平均值、标准差、中位数进行统计，数据见表 5-18。

表 5-18　大一学生审辩性思维倾向各维度得分情况

项目	平均值	标准差	中位数	最小值-最大值	全距
维度一	42.85	5.427	41.25	18-60	42
维度二	45.47	6.746	47.14	24-60	36
维度三	44.40	6.715	48.57	23-60	37
维度四	46.32	5.630	44.41	17-60	43
维度五	45.49	5.220	43.02	17-60	43
维度六	49.93	6.848	49.32	29-60	31
维度七	48.56	5.986	47.78	10-60	50

通过表 5-18 数据可以得出，大一学生得分由高到低依次是维度六求知欲、维度七认知成熟度、维度四系统化能力、维度五自信心、维度二思想开放、维度三分析能力、维度一寻求真相。根据审辩性思维倾向问卷得分说明，大一学生在

审辩性思维倾向方面的平均值均达正性状态。同样，本节对大四学生在各维度得分情况也进行了统计，详细数据见表 5-19。

表 5-19　大四学生审辩性思维倾向各维度得分情况

项目	平均值	标准差	中位数	最小值-最大值	全距
维度一	39.91	6.427	39.75	14-58	44
维度二	43.71	5.746	46.71	21-60	39
维度三	45.01	5.715	45.51	24-60	36
维度四	41.42	6.630	39.23	14-60	46
维度五	42.84	6.220	41.63	23-60	37
维度六	44.04	5.848	44	22-60	38
维度七	45.57	5.986	45.85	18-60	42

从表 5-19 数据中可以得出，大四年级学生在维度六求知欲方面表现最佳，在维度一寻求真相方面表现一般。同样，大四年级学生除维度一寻求真相外，审辩性思维倾向其他方面的平均值均达正性状态。同时，还可以看出，无论是大一学生还是大四学生在维度一寻求真相方面表现一般。

3. A 类和 B 类学生审辩性思维倾向总体情况差异性分析

目前，本科主要分为 A 类学生和 B 类学生两类，本节首先对 A 类学生和 B 类学生在审辩性思维倾向总体情况进行分析，具体数据见表 5-20。

表 5-20　A 类、B 类学生审辩性思维倾向差异情况独立样本 t 检验

项目	方差方程的 Levene's 方差检验			均值方程体检验					差值 95% 置信区间	
	类别	F 值	显著性水平	t 值	自由度	显著性水平	均值差值	标准误差值	下限	上限
倾向总分	假定等方差	1.442	0.347	0.029	1475	0.885	0.026	1.895	-3.456	3.123
	不假定等方差			0.029	894.7	0.885	0.026	1.875	-3.325	3.258

通过对 A 类、B 类学生的审辩性思维倾向总体情况独立样本 t 检验发现，双尾 P 值的显著差异水平为 0.885（大于 0.05），说明 A 类学生与 B 类学生在总体上不存在统计学上的差异。通过对 A 类、B 类两类学生的审辩性思维倾向总分均值分析得出，两者在均值方面差距微小，具体数据见表 5-21。

表5-21 A类、B类学生审辩性思维倾向得分情况

项目	学生类型	个案数	平均值	标准差	标准误均值	最小值-最大值
倾向总分	A	1031	309.49	33.002	1.256	196-415
	B	446	309.45	33.998	1.356	219-391

4. A 类和 B 两类学生审辩性思维倾向各维度情况差异性分析

为了进一步了解 A 类学生和 B 类学生在审辩性思维 7 个维度上的具体表现，对 A 类学生和 B 类学生在 7 个维度上独立样本体检验，具体数据见表5-22。

表5-22 A、B 两类学生审辩性思维倾向各维度得分情况独立样本 t 检验

项目		方差方程的 Levene's 方差检验		均值方程体检验						
	类别	F 值	显著性水平	t 值	自由度	显著性水平	均值差值	标准误差值	差值95%置信区间	
									下限	上限
维度一	假定等方差	2.576	0.109	−1.096	1475	0.273	−0.425	0.387	−1.185	0.335
	不假定等方差			−1.125	897.384	0.261	0.378	−1.166	−1.753	0.316
维度二	假定等方差	3.933	0.048	1.939	1475	0.053	0.680	0.350	−0.008	1.367
	不假定等方差			1.982	889.026	0.048	0.680	0.343	0.007	1.353
维度三	假定等方差	0.121	0.728	−0.005	1475	0.996	−0.002	0.338	−0.664	0.661
	不假定等方差			−0.005	841.911	0.996	−.002	0.338	−0.665	0.662
维度四	假定等方差	0.218	0.641	−1.379	1475	0.168	−0.524	0.380	−1.270	0.221
	不假定等方差			−1.863	854.002	0.166	−0.524	0.378	−1.267	0.218
维度五	假定等方差	4.285	0.039	0.329	1475	0.742	0.116	0.341	−0.575	0.806
	不假定等方差			0.339	908.300	0.735	0.116	0.341	−0.554	0.785
维度六	假定等方差	2.624	0.105	0.395	1475	0.693	0.141	0.358	−0.560	0.843
	不假定等方差			0.405	891.257	0.686	0.141	0.350	−0.545	0.828
维度七	假定等方差	0.673	0.412	0.495	1475	0.621	0.182	0.367	−0.538	0.901
	不假定等方差			0.479	786.130	0.632	0.182	0.379	−0.562	0.925

通过对 A、B 两类学生审辩性思维倾向 7 个维度的独立样本 t 检验发现，双尾 P 值均大于 0.05，说明 A 类学生和 B 类学生在 7 个维度上不存在统计学上的差异，A、B 两类学生的审辩性思维倾向各维度总分均值差距很小（见表 5-23）。

表 5-23　A、B 两类学生审辩性思维倾向各维度得分情况

项　目	年级	个案数	平均值	标准差	标准误差
维度一总分	A	1031	41.00	5.964	0.237
	B	446	42.36	4.526	0.346
维度二总分	A	1031	48.63	5.284	0.189
	B	446	46.36	6.947	0.267
维度三总分	A	1031	49.56	7.949	0.178
	B	446	46.36	6.972	0.146
维度四总分	A	1031	43.65	4.731	0.286
	B	446	42.56	3.653	0.375
维度五总分	A	1031	43.86	5.348	0.198
	B	446	47.36	6.872	0.236
维度六总分	A	1031	48.36	7.418	0.245
	B	446	47.56	6.841	0.258
维度七总分	A	1031	45.63	7.304	0.175
	B	446	44.69	8.571	0.256

进一步探究 A、B 两类学生在各维度的表现情况，对 A、B 两类学生在各维度的得分进行测算，见表 5-24 和表 5-25，其中，A 类学生在维度六表现最好，B 类学生在维度三表现最好，两类学生都在维度一表现最差。

表 5-24　A 类学生审辩性思维倾向各维度得分情况

项目	平均值	标准差	中位数	最小值-最大值
维度一	41.58	5.956	39.96	14-60
维度二	43.60	6.245	45.14	21-60
维度三	46.47	4.963	45.14	24-60
维度四	44.65	6.713	43.53	14-60
维度五	45.89	6.345	44.36	17-60
维度六	48.46	6.569	48.96	22-60
维度七	47.45	6.547	47.86	17-60

表 5-25　B 类学生审辩性思维倾向各维度得分情况

项目	平均值	标准差	中位数	最小值-最大值
维度一	41.78	5.426	40.56	20-56
维度二	44.45	6.547	45.39	24-60
维度三	46.69	7.072	47.25	23-60
维度四	44.98	8.053	43.36	20-60
维度五	45.87	6.472	43.56	28-60
维度六	44.65	7.041	48.07	30-60
维度七	45.12	7.171	46.89	10-60

5. 不同院校本科学生审辩性思维倾向性总分差异性分析

表 5-26 数据显示，在方差齐性检验中 $P=0.578>0.05$，说明方差齐性，数据可以进行单因素方差分析。

表 5-26　单因素同质性测验

莱文统计	自由度 1	自由度 2	显著性
0.598	6	1471	0.578

由表 5-27 得知，A 校与 E 校、F 校的显著性 P 值均为 0.000（小于 0.05），说明 A 校与 E 校、F 校的学生存在显著性差异。B 校与 F 校的学生的显著性 P 值均为 0.000（小于 0.05），说明两者存在显著性差异。C 校与 F 校学生的显著性 P 值均为 0.000（小于 0.05），说明两者存在显著性差异。这差异比较明显的表现在各院校得分均值方面，具体数据见表 5-28。

表 5-27　不同院校本科生审辩性思维倾向差异性

院校	院校	平均值差值	标准误差	显著性	95% 置信区间	
					下限	上限
A 校	B	−4.954	3.324	0.136	−11.47	1.57
	C	−3.030	3.689	0.412	−10.27	4.21
	D	−7.754 *	3.409	0.023	−14.44	−1.07
	E	−13.224 *	3.341	0.000	−19.78	−6.67
	F	−14.663 *	2.742	0.000	−20.04	−9.28
B 校	A	4.954	3.324	0.136	−1.57	11.47
	C	1.925	3.666	0.600	−5.27	9.12
	D	−2.800	3.384	0.408	−9.44	3.84
	E	−8.270 *	3.316	0.013	−14.77	−1.77
	F	−9.709 *	2.711	0.000	−15.03	−4.39

续表 5-27

院校	院校	平均值差值	标准误差	显著性	95% 置信区间	
					下限	上限
C 校	A	3.030	3.689	0.412	−4.21	10.27
	B	−1.925	3.666	0.600	−9.12	5.27
	D	−4.725	3.743	0.207	−12.07	2.62
	E	−10.194*	3.681	0.006	−17.42	−2.97
	F	−11.633*	3.148	0.000	−17.81	−5.46
D 校	A	7.754*	3.409	0.023	1.07	14.44
	B	2.800	3.384	0.408	−3.84	9.44
	C	4.725	3.743	0.207	−2.62	12.07
	E	−5.469	3.401	0.108	−12.14	1.20
	F	−6.908*	2.814	0.014	−12.43	−1.39
E 校	A	13.224*	3.341	0.000	6.67	19.78
	B	8.270*	3.316	0.013	1.77	14.77
	C	10.194*	3.681	0.006	2.97	17.42
	D	5.469	3.401	0.108	−1.20	12.14
	F	−1.439	2.731	0.598	−6.80	3.92
F 校	A	14.663*	2.742	0.000	9.28	20.04
	B	9.709*	2.711	0.000	4.39	15.03
	C	11.633*	3.148	0.000	5.46	17.81
	D	6.908*	2.814	0.014	1.39	12.43
	E	1.439	2.731	0.598	−3.92	6.80

注：* 代表在 0.05 级别（双尾），相关性显著。

表 5-28 各院校本科生审辩性思维倾向比较

院校	个案数	均值	标准差	标准误差	最小值-最大值
A	194	276.16	19.037	1.162	217−388
B	200	278.12	28.229	1.945	216−376
C	171	285.19	26.107	1.889	212−356
D	181	285.92	25.439	1.763	207−389
E	196	282.39	24.726	1.456	176−402
F	556	285.82	23.092	1.756	203−396

二、高校本科生审辩性思维技能分析

(一) 高校本科生审辩性思维技能总体及各维度得分状况

本部分首先对行业院校本科生审辩性思维技能的总体情况进行分析，审辩性思维技能平均分为 16.31 分，在维度一阐明技能方面的均值为 1.06，维度二分析技能的均值为 1.16，维度三推理技能的均值为 5.09，维度四评价技能的均值为 5.98，维度五解释技能的均值为 2.01 分，维度六自我调节技能的均值得分为 1.01 分。具体数见表 5-29。

表 5-29　高校本科生审辩性思维技能分析

项目	平均值	个案数	最小值-最大值	标准差	平均值标准误差
技能总分	16.31	1483	0-29	3.856	15.992
阐明总分	1.06	1483	0-2	0.645	0.101
分析总分	1.16	1483	0-3	0.633	0.012
推理总分	5.09	1483	0-9	1.021	0.013
评价总分	5.98	1483	0-11	1.214	0.024
解释总分	2.01	1483	0-4	0.456	0.031
自我调节总分	1.01	1483	0-2	0.233	0.052

由于每项子技能所包含的题项不同，我们无法进行纵向维度间的均值比较，因此本书将总体样本得分数据与 CCTST 提供的美国四年制大学的常模数据及刘义所著大学生审辩性思维技能数据进行比较，得出如下结果（见表 5-30），在本次调查中最高分为 29 分，美国四年制大学数据中最高分为 34 分，刘义调查结果中最高分为 28 分[6]。

表 5-30　与国内外高校本科生在审辩性思维技能上的对比

本书调查结果		美国大学常模		国内某高校调查结果	
技能总分	累计比例/%	技能总分	累计比例/%	技能总分	累计比例/%
0	0.1	0	0	0	0
1	0	1	0	1	0
2	1	2	0	2	1
3	3	3	0	3	3
4	6	4	0	4	3
5	8	5	0	5	6
6	11	6	1	6	9

本书调查结果		美国大学常模		国内某高校调查结果	
7	15	7	2	7	14
8	19	8	3	8	21
9	23	9	5	9	25
10	25	10	8	10	29
11	28	11	12	11	32
12	32	12	18	12	13
13	36	13	24	13	40
14	40	14	31	14	45
15	43	15	38	15	51
16	47	16	46	16	57
17	53	17	54	17	63
18	61	18	61	18	70
19	68	19	68	19	75
20	73	20	74	20	82
21	77	21	79	21	88
22	82	22	84	22	92
23	87	23	88	23	95
24	88	24	91	24	98
25	90	25	93	25	99
26	92	26	95	26	98
27	94	27	97	27	99
28	96	28	98	28	99
29	100	29	99	29	
30		30	99	30	
31		31	99	31	
32		32	99	32	
33		33	99	33	
34		34	99	34	

（二）高校本科生审辩性思维技能差异性分析

1. 大一、大四学生审辩性思维技能总分差异性分析

经过对六所高校大一与大四 1483 名本科生进行审辩性思维技能测试，所得

数据见表 5-31。总体看来，大一学生审辩性思维技能平均分为 17.13，大四学生平均分为 16.31。按照《加利福尼亚审辩性思维技能量表》的评分标准，大一学生和大四学生均未达到 19 分的审辩性思维强弱分界线。通过独立样本 t 检验得出，Levene's 方差检验中的 P 值，即显著性水平为 0.804（大于 0.05），方差假设相等，方差不等假设不成，因此只需观察表 5-32 中不假定等方差一行，数据显示大一、大四学生批判性思维技能的独立样本 t 检验中双尾 P 值，即显著性水平（双侧）为 0.000（小于 0.05），即大一学生与大四学生的审辩性思维技能在统计学上存在显著的差异。

表 5-31   大一、大四学生审辩性思维技能情况对比

年级	个案数	最小值-最大值	均值	标准差	方差
大一	908	0-29	17.13	3.23	15.235
大四	575	4-27	15.47	3.17	13.123

表 5-32   大一、大四学生审辩性思维技能得分独立样本 t 检验

项目		方差方程的 Levene's 方差检验		均值方程体检验						
	类别	F 值	显著性水平	t 值	自由度	显著性水平	均值差值	标准误差值	差值95%置信区间	
									下限	上限
倾向总分	假定等方差	0.045	0.603	-4.2	1481	0.001	-2.16	0.135	-1.64	-0.656
	不假定等方差			-4.21	1231	0.001	-2.16	0.126	-1.64	-0.555

2. 大一、大四学生审辩性思维技能各维度差异性分析

通过统计，大一学生和大四学生在各量表得分见表 5-33，从表中数据可以看出大一学生在各个技能方面均高于大四学生，其中阐明技能两者相差 0.08 分，分析技能两者相差 0.04 分，推理技能两者相差 0.6 分，评价技能两者相差 1.46 分，解释技能相差 0.56 分，自我调节技能两者相差 0.01 分。

表 5-33   大一、大四年级学生审辩性思维子技能情况

子技能	年级	个案数	均值	标准差	均值的标准误差
阐明	1	908	1.10	0.726	0.025
	4	575	1.02	0.745	0.046
分析	1	908	1.18	0.015	0.078
	4	575	1.14	0.469	0.023

续表 5-33

子技能	年级	个案数	均值	标准差	均值的标准误差
推理	1	908	5.39	0.055	0.026
	4	575	4.79	0.68	0.068
评价	1	908	6.71	1.06	0.054
	4	575	5.25	1.29	0.075
解释	1	908	2.34	0.765	0.022
	4	575	1.78	0.845	0.042
自我调节	1	908	1.09	0.679	0.013
	4	575	1.08	0.568	0.045

3. A 类学生与 B 类学生审辩性思维技能总分上差异分析

A、B 两类学生审辩性思维技能总分独立样本 t 检验见表 5-34。

表 5-34　A、B 两类学生审辩性思维技能总分独立样本 t 检验

项目	方差方程的 Levene's 方差检验			均值方程体检验						
	类别	F 值	显著性水平	t 值	自由度	显著性水平	均值差值	标准误差值	差值 95% 置信区间	
									下限	上限
倾向总分	假定等方差	1.125	0.112	3.30	1477	0.001	1.25	0.356	0.503	1.456
	不假定等方差			4.221	658.351	0.001	1.156	0.245	0.596	1.235

在表 5-34 中，通过对审辩性思维技能总体得分进行独立样本 t 检验可知，在方差方程的 Levene's 方差检验中 P 值，即显著性水平为 0.112（大于 0.05），方差相等假设成立，方差不等假设不成立，因此 A、B 两类学生关于审辩性思维技能在均值方程 t 检验中双尾 P 值，即显著性水平为（双侧）0.000（小于 0.05），即 A、B 两类学生关于审辩性思维技能总分上存在显著差异。

表 5-35 数据显示，A 类学生审辩性思维技能总分的平均值为 16.83，B 类学生平均值为 15.80，A 类学生的平均成绩高于 B 类学生平均成绩 1.03 分。

表 5-35　A、B 两类学生审辩性思维技能对比

类型	个案数	最小值-最大值	均值	标准差	标准误差
A 类生	908	2-29	16.83	3.15	0.639
B 类生	575	0-27	15.80	3.02	0.428

为了进一步讨论 A、B 两类学生在审辩性思维技能方面的差异性，首先分析 A、B 两类学生在 6 个子技能的得分均值、标准差等数据状况，其次对其进行独立样本 t 检验处理，得到数据见表 5-36。

表 5-36　A、B 两类学生审辩性思维各子技能对比

子技能	类型	个案数	均值	标准差	均值的标准误差
阐明	A	908	1.02	0.739	0.058
	B	371	0.96	0.620	0.073
分析	A	908	1.34	0.553	0.012
	B	371	1.23	0.572	0.021
推理	A	908	1.26	2.690	0.024
	B	371	4.23	2.653	0.022
评价	A	908	2.36	2.923	0.021
	B	371	5.36	1.056	0.114
解释	A	908	2.56	0.797	0.075
	B	371	1.96	0.785	0.065
自我调节	A	908	1.34	0.645	0.045
	B	371	1.45	0.721	0.034

4. A、B 两类学生审辩性思维技能各维度上差异分析

我们通过 A 类学生和 B 类学生在审辩性思维技能 7 个维度上独立样本 t 检验数据（见表 5-37）可以看到，子技能二分析技能、子技能三推理技能、子技能四评价技能的方差方程的 Levene's 方差检验中的 P 值，即显著性水平分别是 0.56、0.968、0.589，这些值均大于 0.05，双尾 P 值即显著性水平（双侧）以方差相等假设成立所对应的数据为准。

表 5-37　A、B 两类学生审辩性思维各子技能独立样本 t 检验

| 项目 | 方差方程的 Levene's 方差检验 | | 均值方程体检验 | | | | | 差值95%置信区间 | |
	类别	F值	显著性水平	t值	自由度	显著性水平	均值差值	标准误差值	下限	上限
阐明	假定等方差	6.953	0.004	1.87	1477	0.003	0.253	0.054	0.037	0.156
	不假定等方差			2.78	701.4	0.005	0.135	0.045	0.036	0.145
分析	假定等方差	0.000	0.56	2.75	1477	0.002	0.125	0.047	0.046	0.202
	不假定等方差			2.02	672.2	0.004	0.138	0.047	0.045	0.231

续表 5-37

项目	方差方程的 Levene's 方差检验			均值方程体检验						
	类别	F 值	显著性水平	t 值	自由度	显著性水平	均值差值	标准误差值	差值 95% 置信区间	
									下限	上限
推理	假定等方差	0.002	0.968	3.80	1477	0.001	0.294	0.184	0.125	0.545
	不假定等方差			3.83	699.5	0.000	0.494	0.156	0.568	0.425
评价	假定等方差	0.589	0.443	1.55	1477	0.124	0.178	0.112	-0.059	0.401
	不假定等方差			1.23	663.6	0.426	0.386	0.556	-0.413	0.568
解释	假定等方差	5.19	0.023	2.93	1477	0.004	0.123	0.056	0.075	0.256
	不假定等方差			2.97	710.9	0.003	0.142	0.048	0.048	0.235
自我调节	假定等方差	8.10	0.004	3.72	1477	0.009	0.245	0.058	032	0.178
	不假定等方差			4.61	632.3	0.008	0.245	0.067	0.059	0.256

其中审辩性思维技能的子技能二分析技能、子技能三推理技能的双尾 P 值都小于 0.05，说明这两个技能在统计学上存在显著差异性。子技能四评价技能双尾 P 值为 0.120，其大于 0.05，说明此技能在统计学上不存在显著差异性。

审辩性思维技能子技能一阐明技能、子技能五解析技能、子技能六自我调节技能的方差方程的 Levene's 方差检验中的 P 值即显著性水平分别是 0.005、0.023、0.004，这些值均小于 0.05，双尾 P 值即显著性水平（双侧）以方差不相等假设成立所对应的数据为准。子技能一阐明技能、子技能五解析技能、子技能六自我调节技能双尾 P 值都小于 0.05，说明这三个子技能在统计学上存在显著差异性。

三、审辩性思维倾向与审辩性思维技能相关性分析

（一）审辩性思维倾向总分与审辩性思维技能总分相关性分析

为了进一步探讨审辩性思维倾向与审辩性思维技能之间的关系，本节对两者的相关性进行研究。相关系数表示两个变量间的线性关系的密切程度和相关方

向，取值范围为-1~1，相关系数为正表示正相关，反则为负相关。通过对审辩性思维倾向总分与审辩性思维技能总分做皮尔逊相关性处理，得出相关系数为0.240，$P=0.000$（小于0.05），两者为正相关。具体数据见表5-38。

表5-38 高校本科生审辩性思维倾向与技能相关性

倾向与技能	指标	倾向总分	技能总分
倾向总分	皮尔逊相关性	1	0.240[①]
	显著性（双尾）		0.000
	个案数	1477	1477
技能总分	皮尔逊相关性	0.240[①]	1
	显著性（双尾）	0.000	
	个案数	1477	1477

① 表示在0.01级别（双尾），相关性显著。

（二）审辩性思维倾向各维度与审辩性思维技能各维度相关性分析

通过表5-38可知，审辩性思维技能总分与审辩性思维倾向总分之间存在正相关关系，但是在他们众多维度之间，哪些维度是相关的，相关程度如何？值得我们进一步探讨。于是我们对审辩性思维倾向的7个维度和审辩性思维技能的6个维度进行相关性分析，得到数据见表5-39。

表5-39 审辩性思维各倾向维度与各子技能之间的相关性

倾向与技能	指标	阐明	分析	推理	评价	解析	自我调节
寻求真理性	皮尔逊相关性	-1.23[①]	-2.36[①]	-0.154[①]	-0.002[①]	-0.056[①]	-0.456[②]
	显著性（双尾）	0.002	0.006	0.000	0.000	0.005	0.014
	个案数	1477	1477	1477	1477	1477	1477
思想开放性	皮尔逊相关性	-0.56[①]	-0.045[①]	-0.189[①]	-0.156[②]	-0.456[①]	-0.112
	显著性（双尾）	0.000	0.006	0.000	0.013	0.004	0.091
	个案数	1477	1477	1477	1477	1477	1477
分析性	皮尔逊相关性	-0.256[①]	-0.456[①]	-0.236[①]	-0.456[②]	-0.568[②]	-0.145[②]
	显著性（双尾）	0.001	0.001	0.001	0.039	0.023	0.038
	个案数	1477	1477	1477	1477	1477	1477
系统性	皮尔逊相关性	-0.235[①]	-0.456[①]	-0.789[①]	-0.568[①]	-0.123[①]	-0.568[②]
	显著性（双尾）	0.000	0.000	0.000	0.000	0.000	0.024
	个案数	1477	1477	1477	1477	1477	1477

续表 5-39

倾向与技能	指标	阐明	分析	推理	评价	解析	自我调节
自信性	皮尔逊相关性	−0.456②	−0.789②	−0.123①	−0.568	−0.456	0.789
	显著性（双尾）	0.028	0.026	0.005	0.170	0.860	0.497
	个案数	1477	1477	1477	1477	1477	1477
好奇性	皮尔逊相关性	−0.178①	−0.256①	−0.456①	−0.788①	−0.892	−0.125
	显著性（双尾）	0.000	0.000	0.000	0.000	0.421	0.094
	个案数	1477	1477	1477	1477	1477	1477
认知成熟度	皮尔逊相关性	−0.203①	−0.156①	−0.268①	−0.480	−0.789①	−0.456
	显著性（双尾）	0.000	0.003	0.000	0.057	0.006	0.508
	个案数	1477	1477	1477	1477	1477	1477

① 在 0.01 级别（双尾），相关性显著。

② 在 0.05 级别（双尾），相关性显著。

正如表 5-39 所示，审辩性思维倾向中的寻求真理性与审辩性思维技能维度中的阐明、分析、推理、评价、解析技能的显著性水平（双侧）都小于 0.05，所对应的相关系数分别为−1.23、−2.36、−0.154、−0.002、−0.056，说明寻求真理性与技能方面中的阐明、分析、推理、评价、解析技能存在显著相关性，其相关性为负相关。

审辩性思维倾向中的思想开放性维度与阐明、分析、推理、解析技能的显著性水平（双侧）都小于 0.05，所对应的相关系数分别为−0.56、−0.045、−0.189、−0.456，说明审辩性思维倾向中的思想开放性与解析、阐明、分析、推理技能存在显著相关性，其相关性为负相关。

审辩性思维倾向中的分析性与技能方面的阐明、分析、推理的显著性水平（双侧）都小于 0.05，所对应的相关系数分别为−0.256、−0.456、−0.236，这说明审辩性思维倾向中的分析性与技能方面中的阐明、分析、推理技能存在显著相关性，其相关性为负相关。

审辩性思维倾向中的系统性与技能层面的阐明、分析、推理、评价、解析技能的显著性水平（双侧）都小于 0.05，所对应的相关系数分别是−0.235、−0.456、−0.789、−0.568、−0.123，说明审辩性思维倾向中的思想开放性与解析、阐明、分析、推理技能存在显著相关性，其相关性为负相关。

审辩性思维倾向中的自信心与技能纬度的阐明、分析、推理技能的显著性水平（双侧）小于 0.05，所对应的相关系数为−0.456、−0.789、−0.123，说明审辩性思维倾向中的自信心与推理技能存在显著相关性，其相关性为负相关。

审辩性思维倾向中的好奇性与技能层面的阐明、分析、推理、评价技能的显著性水平（双侧）都小于 0.05，所对应的相关系数分别为−0.178、−0.256、

-0.456、-0.788，说明审辩性思维倾向中的思想开放性与阐明、分析、推理、评价技能存在显著相关性，其相关性为负相关。

审辩性思维倾向中的认知成熟度与技能层面的阐明、分析、推理、解析技能的显著性水平（双侧）都小于0.05，所对应的相关系数分别为-0.203、-0.156、-0.268、-0.789，说明审辩性思维倾向中的认知成熟度与阐明、分析、推理、解析技能存在显著相关性，其相关性为负相关。

第五节　调查结论

调查结论如下：

（1）高校本科生审辩性思维总体能力有待加强。在审辩性思维倾向方面，按照《加利福尼亚审辩性思维倾向调查问卷》的说明：280分以上表明受试者具有正性审辩性思维。通过对审辩性思维倾向总分统计的数据来看，部分具有正性审辩性思维，其审辩性思维倾向平均成绩为305.5分，说明高校本科生具有一定的审辩性思维倾向。但需要指出的是，能够达到强标准（350分）的只有238人，占比16.11%，仍有2.3%的学生不具备审辩性思维倾向。这说明我国高校缺乏优秀的具备审辩性思维倾向的学生。

从审辩性思维技能平均得分来看，首先，高校本科生审辩性思维技能平均分为15.82分，按照《加利福尼亚审辩性思维技能测试》的评分标准，以19分为审辩性思维技能强弱分界线，受测对象的审辩性思维技能的平均水平处于弱的状态。其次，根据CCTST提供的常模数据，美国四年制大学生得分高于19分以上的比例为32%，地方院校为25%，而本书测评数据为42%。从数据来看，我国高校的强审辩性思维水平的学生比例大于美国四年制大学生和地方院校。但是如果以总分的80%为优秀分数线（27.2分），美国四年制大学生得分高于19分以上的比例为2%，其他院校为1%，而本次测评数据为0%，这同样说明我高校缺乏优秀的审辩性思维学生。

（2）高校本科生审辩性思维能力各维度表现不均衡。首先在审辩性思维倾向方面，通过观察各维度得分情况，审辩性思维倾向各维度发展不均衡，成熟性、思想开放性、好奇性这三个维度表现较好，而自信心、分析性、寻求真相性、系统性这四个维度表现较差一些。各维度平均分由大到小依次是成熟性、思想开放性、好奇性、自信心、分析性、寻求真相性、系统性。通过对审辩性思维倾向各维度统计的数据来看，以40分为审辩性思维倾向正负分界线，在寻求真理性维度有61.26%的学生具有审辩性思维；在思想开放性维度有79.89%的学生具有审辩性思维；在分析性维度有62.22%的学生具有审辩性思维；在系统性维度57.82%的学生具有审辩性思维；在自信性维度有65.75%的学生具有审辩性思维，在好奇性维度有 77.15% 的学生具有审辩性思维；在成熟性维度有 80.31% 的学生具有审辩性思维。

其次，在审辩性思维技能方面，在维度一阐明技能方面的均值为 1.06 分（满分 2 分），维度二分析技能的均值为 1.16 分（满分 3 分），维度三推理技能的均值为 5.09 分（满分 10），维度四评价技能的均值为 5.98 分（满分 13 分），维度五解释技能的均值为 2.01 分（满分 4 分），维度六自我调节技能的均值得分为 1.01 分（满分 2 分）。如果以各子技能总分的 60% 为及格线，那么分析技能的均值、评价技能的均值处于不及格状态。如果以各子技能总分的 80% 为优秀线，审辩性思维各维度的均值均未达到优秀程度。这说明我高校本科生中缺乏优秀的审辩性思维技能者。

（3）大一本科生审辩性思维能力优于大四本科生。通过前文数据描述可知，在审辩性思维倾向方面，大一学生审辩性思维倾向总分的平均分为 315 分，比大四学生审辩性思维倾向总分的平均分 305 分高出 10 分。在审辩性思维倾向的七个维度方面，大一学生的得分同样均高于大四学生；在维度一方面，两者相差 1.94 分；在维度二方面，两者相差 2.35；在维度三方面，两者相差 1.66 分；在维度四方面，两者相差 2 分；在维度五方面，两者相差 1.65 分，在维度六方面，两者相差 3.89 分；在维度七方面，两者相差 2.99 分。

在审辩性思维技能方面，大一学生审辩性思维技能平均分为 17.31 分，大四学生平均分为 16.31 分。大一学生的平均得分高于大四学生。从审辩性思维技能各维度来看，大一学生在各个技能方面均高于大四学生，其中阐明技能两者相差 0.01 分，分析技能两者相差 0.07 分，推理技能两者相差 0.1 分，评价技能两者相差 0.07 分，解释技能相差 0.06 分，自我调节技能两者相差 0.08 分。

（4）A 类学生与 B 类学生审辩性思维倾向无差异而审辩性思维技能存在差异。通过对前文数据的分析，可知 A 类学生与 B 类学生在审辩性思维倾向总得分上不存在统计学上的差异。A 类学生与 B 类学生的审辩性思维倾向总分均值分别为 309.49 分和 309.45 分，两者均值差距微小。通过对 A 类、B 类学生的审辩性思维倾向七个维度独立样本 t 检验发现 A 类学生和 B 类学生在七个维度上不存在统计学上的差异。

在审辩性思维技能方面，A 类学生审辩性思维技能总分的平均值为 16.83 分，B 类学生平均值为 15.80 分，A 类学生的平均成绩高于 B 类学生平均成绩 1.03 分。在审辩性技能各维度上，子技能阐明技能、子技能分析技能、子技能推理技能、子技能解析技能、子技能自我调节技能在统计学上存在显著差异性。子技能评价技能在统计学上不存在显著差异性。

（5）审辩性思维倾向与审辩性思维技能存在相关性。首先，在审辩性思维倾向总分与审辩性思维技能总分之间，通过做皮尔逊相关性处理，两者呈现正相关关系，相关系数为0.240。其次，审辩性思维各维度与审辩性技能各维度之间存在相互影响、相互联系的特征，具体表述为：审辩性思维倾向中的寻求真理性与技能层面中的阐明分析、推理、评价、解析技能存在显著相关性，其相关性为负相关；审辩性思维倾向中的思想开放性与解析、阐明、分析、推理技能存在显著相关性，其相关性为负相关；审辩性思维倾向中的分析性与技能层面的阐明、分析、推理技能存在显著相关性，其相关性为负相关；审辩性思维倾向中的系统性与技能层面的阐明、分析、推理、评价、解析技能存在显著相关性，其相关性为负相关；审辩性思维倾向中的自信心与技能层面的推理技能存在显著相关性，其相关性为负相关；审辩性思维倾向中的好奇性与技能层面的阐明、分析、推理、评价技能存在显著相关性，其相关性为负相关；审辩性思维倾向中的认知成熟度与技能层面的阐明、分析、推理、解析技能存在显著相关性，其相关性为负相关。本书结论也支持了美国审辩性思维专家费星提出的一个拥有很强审辩性思维倾向的人不一定具有很强审辩性思维技能的观点。

第六节　原因探析

高校本科生审辩性思维能力状况不理想的原因是多方面的，既有历史因素的制约，也有现实原因的桎梏。如何科学而清醒的认识这些原因，将现实的阻碍变为进步的阶梯，值得我们认真探讨。

（1）传统文化中的保守习性不利于学生审辩性思维的培养。传统文化影响着人们的思维方式。我们传统文化基因中似乎缺乏审辩性思维精神，虽然在春秋战国诸子思想短暂存在过理性的光辉，但自传统儒学"独尊"以后，经学独断论和权威主义根深蒂固，重经典注释，轻论证创新。在封建教育和儒家思想的影响下，国人极容易养成保守的性格。因为保守，不敢轻易反对某种思想或观念；因为保守，不去质疑某些结论、看法。这种保守特点容易带来三方面不足：一是审辩精神存在不足，表现为不注重对概念的准确定义，不注重对事物本质的分析论证，而是追求对事物一般性的、概括性的理解。二是知性思维存在不足，正如梁漱溟所指出的，中国传统哲学具有某种"早熟的"的特征，这种特征在思维上的表现是：在知性思维还未充分形成并展开之前，作为思维的更高发展阶段的辩证理性已经产生并取得了长足的发展。三是逻辑思维存在不足，在历史上我们所强调的"格物致知"中的"物"主要是指社会关系而不是自然现象，而过于侧重于社会关系的研究在一定程度上影响到数学和自然科学的发展，也包括逻辑学的发展。这种在传统文化中形成的保守习性难免会对我们每一个人的审辩性思维的养成或多或少产生不良影响。

（2）传统的教育观念不利于学生审辩性思维的培养。我国传统文化主要接受一种求同思维逻辑，圣人或者先贤已经为人类社会的发展构建一套"全知"的学说，无论是生活起居还是为人、为官、为学，所遇到的问题都可以从中得到[6]。从教育观念来看，我国自秦汉以来形成的教育理念强调服从权威、尊敬师长，这容易抑制独立思考的习惯，在一定程度抹杀了学生的个性。传统教育观念所蕴含的知识观、教师观、学习观与审辩性思维的要求相距甚远。在知识观方面，传统的知识观视知识为客观的确切结果，知识的获得是外部知识及其结构的简单移植，记住就可以了，无需任何审辩和质疑；在师生关系方面，讲究"亲其师、信其道"，教师相对于学生具有较高的威信，该观念延伸到日常教学中，便是教师即权威，教师所讲即真理，学生所要做的只需把老师所讲的知识、要记住的结论储存在自己的大脑中。在学习观方面，学习方式以记忆记诵见长，学习过程是教—学的单向过程，学习方法过于单一化、程序化。在传统教学观念的影响下，学生的主动探究意识与能力被消磨，逐渐滋生出一种唯师、唯书的惰性心态从而成为知识的奴隶，更别说去怀疑和审辩性的思考问题，这也是高校本科生在审辩性思维倾向中寻求真相维度得分较低的重要原因。袁振国教授曾对比中美两国教育特点指出：中国衡量教育成功的标准是把有问题的学生教育成没有问题的，而美国衡量教育成功的标准是把没有问题的学生教育得有问题。一言以蔽之，在传统的教育观念下培养出来的学生是思维懒惰的学生，教育是屈从于权威的教育，在一定程度上不利于学生审辩性思维能力的培养。

（3）相关课程的缺乏不利于学生审辩性思维的培养。课程是根据教育目标选择和组织特定的学习经验、学习活动和教学环境的系统化载体，在人才培养中发挥平台的作用[7]。审辩性思维能力的培养有两种基本的途径，其一是在生活实践中有意识地加强自我审辩性思维训练，虽然发挥主观能动性是取得实践成效的关键因素，但是没有知识和技能的依托，再强的主观能动性也无济于事。其二是通过专门的审辩性思维课程体系提高学生的审辩性思维能力。相较于世界其他大学关于审辩性思维的教育，我们似乎还有更长的路要走。这主要表现在以下几个方面，首先，调查的几所高校普遍缺乏足量的有关审辩性思维必修课和选修课，学生无法学习到足够的审辩性思维知识与技能。其次，相对缺乏合格的具备审辩性思维的教师，很难做到在具体专业教学中贯穿审辩性思维能力的培养，教师的质量与数量直接决定了审辩性思维教育的成效。再次，我们缺乏有关审辩性思维的考核机制和评测方式。目前，高校中关于审辩性思维的培养往往穿插于通识教育中，而审辩性思维作为一种思维能力有其独特的属性，需要专门的评测才能得以加强。综上所述，缺乏审辩性思维课程及有效的测评方式，在一定程度上影响了本科生审辩性思维的发展。

（4）现行教学模式不利于学生审辩性思维的培养。当前，随着教育理论的不断发展和教学改革实践的不断深入，各种新的教学模式层出不穷，例如对分课堂、翻转课堂、慕课、微课、SETM 等教学模式。教学模式是连接理论与实践的桥梁，也是教学实践经验系统化、简约化的概括[8]。虽然高校教学改革已推行多年，取得了一定的成效，但客观地讲，目前教学模式并未能从根本上打破传统教学模式的束缚，新型教学模式并没有对传统教学模式形成强有力的冲击。尤其是在大班额教学环境下，现行的教学模式大多是传统的讲授式模式，多是从教师如何教这个角度进行阐述，在一定程度上忽略了学生该如何学这个问题。在这种模式下，学生是知识的接收器，而教师扮演了知识"传送带"的角色。学生审辩性思维的养成，既需要学生掌握相关的分析、对比、解释等技能，又需要养成敢于质疑的态度。传统的讲授教学模式课堂教学环境较为沉闷，教学方法比较单一，课堂教学基本上还是教师讲授、学生被动接受的状态。制约着学生的思辨意欲和创造激情，不利于学生审辩性思维能力的培养。在课堂教学时，尽管有教师想用"启发式""引导式"等新式教学方法，但学生往往是"启而不发""引而不走"，并且"启发式""引导式"等新式教学方法需要较多的教学时间通过教师和学生的磨合才能实现，而现行的考试制度又规定在有限的教学时间内完成大量的教学任务，因此有"新想法、新点子"的教师迫于完成教学任务而采用的教学方法往往会半途而废。培养学生审辩性思维需要立足于当前高等院校教学实际情况，或是创新教学模式，或是综合利用不同的教学模式，抑或是对传统教学模式加以改革。

（5）目前教学评价体系不利于学生审辩性思维的培养。教学评价是检查教学目标是否达成的重要环节，同时也为选择确定教学内容、教学手段等课堂教学元素提供客观依据。回顾改革开放以来，教育教学可以划分为四个时期：教学恢复期（1978~1984 年）、素质教育期（1985~2000 年）、新课程改革期（2001~2013 年）、核心素养前期（2014 年~至今）[9]。目前，核心素养已经成为教学改革的主旋律，但是就教学评价而言，远没有达到培养学生核心素养（包括审辩性思维）的相关要求。在现实的教学情境下，教学评价体系存在不少漏洞，不利于学生审辩性思维的培养。在教学评价功能方面，评价的发展功能已然被评价的甄别、选拔功能所遮蔽。审辩性思维是像读书、写字一样的人类基本功能，对人类最大的意义是进步意义，是改善生活的意义，而不在于比较你我审辩性思维究竟谁高谁低，评价的甄别和选拔功能对于培养学生的审辩性思维意义不大。在教学评价方式方面，简单的纸笔测验仍是主流方式，教学评价方式单一。人们对于纸笔测验最大的诟病在于答案标准化、权威化，容不得标新立异，有所突破。对于审辩性思维技能尚可通过纸笔测验进行考核，但对于审辩性思维倾向的评判更多地需要表现性评价、差异性评价。在评价主体方面，对于学生而言，单一的评价主体（教师）并不能对学生的审辩性思维能力做出合理准确的评价。对于教师而言，单一的评价主体（教学管理者）很难照顾到教师的审辩性思维发展水平。

在教学评价内容方面，往往以教师教态教姿、师生互动情况、教学任务完成情况为主要观测点，对于学生情感的养成、思维的发展缺乏足够的评价。当前，高等院校教学评价体系存在的不足在一定程度阻碍学生审辩性思维的养成。

参 考 文 献

［1］Facione P A，Facione N C. The california critical thinking disposition inventory（CCTDI）［J］. Test administration manual. Millbrae，CA：California Academic Press，1992.

［2］彭美慈，汪国成，等. 审辩性思维能力测量表的信效度测试研究［J］. 中华护理杂志，2004，（9）：644.

［3］罗清旭，杨鑫辉.《加利福尼亚审辩性思维技能测验》的初步修订［J］. 中华护理杂志，2002，（6）：741.

［4］吴明隆. 问卷统计分析实务［M］. 重庆：重庆大学出版社，2010.

［5］罗伯特·德维利斯，魏勇刚，等. 量表编制：理论与应用［M］. 重庆：重庆大学出版社，2010.

［6］刘义. 大学生批判性思维研究［M］. 北京：中国社会科学出版社，2014.

［7］张存建. 文化变迁中的批判性思维教育：理性基础与着力点［J］. 当代教育科学，2016（7）：5.

［8］周杰，课程统整：我国高等教育内涵发展的有效途径［J］. 黑龙江高教研究，2017（11）：161.

［9］梁靖云. 构建教学模式：教师应当具备的基本功［J］. 教育理论与实践，2012（2）：45.

［10］范会敏，陈旭远、毛清芸，等. 课堂教学评语：历程与趋势［J］. 广西社会科学，2021（2）：184.

第六章 高校本科生审辩性思维培养的改进策略和路径

审辩性思维的培养需要进行体系化的整体设计，既要考量教育理念、培养目标等宏观问题，又要着眼于课程设置、课堂教学等微观操作。在教育理念层面，要突出思维教育、提倡个性化教育、摒弃灌输式教育，充分发挥教育理念的引领作用。在院校培养体系方面，要把审辩性思维培养写入人才培养目标，通过优化课程设置、强化师资力量、实施专项评估，充分发挥院校居中调控的作用；在微观课堂教学层面，通过重塑教学过程、选择教学模式、优化教学环境等因素，有力地将审辩性思维培养措施落到实处。图6-1所示为本科生审辩性思维培养策略及路径图。

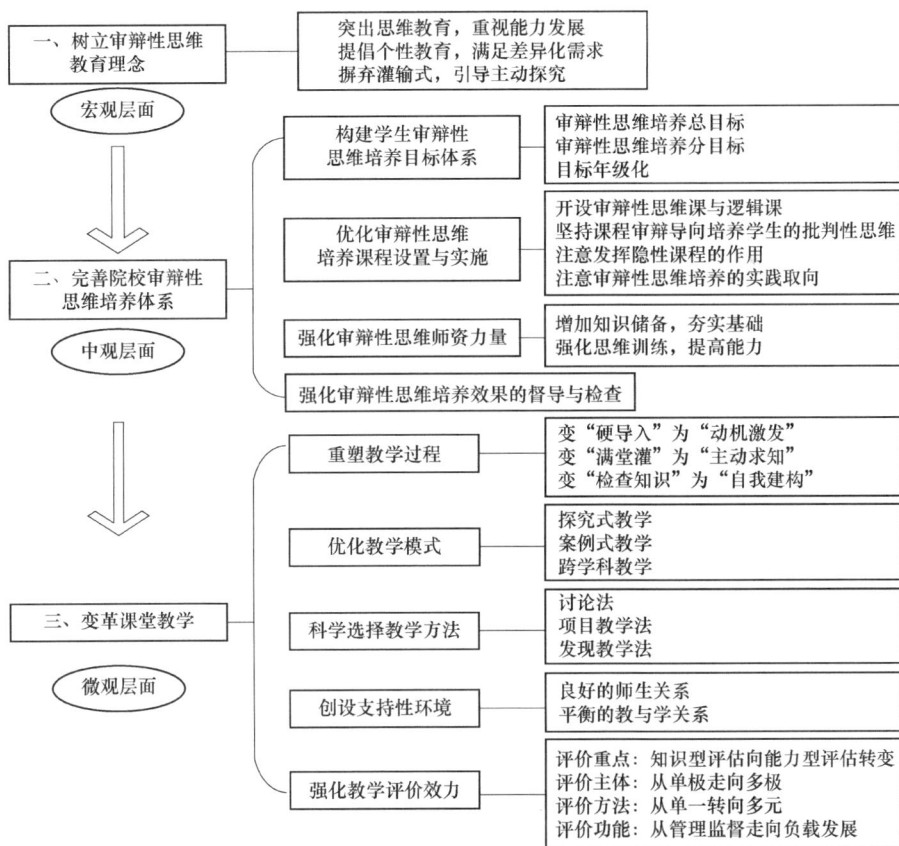

图6-1 高校本科生审辩性思维改进策略及路径图

第一节 树立审辩性思维教育理念

教育理念是源于对教育现实的思考,包含了教育主体关于"教育应然"的价值取向,具有引导定向的作用。李萍教授等人[1]指出,教育理念是关于教育发展的一种理想的、永恒的、精神型的范型,从根本上回答了为什么要办教育。当前经济全球化不断演进,竞争日益加剧,各国对高素质人才的渴求日益热切。高水平的审辩性思维能力正是高素质人才的重要特征之一。因此,当务之急就是树立审辩性思维教育理念来引领审辩性思维养成。

一、突出思维教育,重视思维能力发展

爱因斯坦[2]关于教育有一句名言:"大学教育的价值,不在于学习很多事实,而在于训练大脑会思考。"突出思维教育就是以"思维"作为教育对象,思维是人对客观世界的概括和间接的反应,当前教育学、心理学中众多研究结果均已证明思维具有可教性。审辩性思维作为人的高阶思维,单纯的讲授、积累知识并不能有效地提高审辩性思维培养的效力。思维教育旨在教会思考,知识是学会思考的条件之一,但有知识却并不一定会思考。从另一方面讲,随着知识数量的激增,知识结构的不断调整,一味地强调知识掌握的数量显然已经不合时宜,学会审辩性地选择知识变得越来越重要。突出思维教育,需要做到以下几点:(1)从思维类型方面来看,首先,强化类比思维。这要求学生能够横向的联系各学科知识,在对各学科知识的对比中,提炼出共性的知识点,这是审辩性思维能力形成的基础。其次,增强整合思维,将单个知识点形成知识网络,完善学生知识框架,这是审辩性思维能力养成的重要保障。最后,要重视发散思维。发散思维能够进一步拓宽学生看问题的视野,拓展思考的范围,这是审辩性思维能力形成的有力支撑。(2)从思维教学方面来看,首先要教学内容思维化,实现从知识课堂向思维课堂的转变。要鼓励学生有根据地思考、推断,大胆地想象,去探索和发现解决问题的新方法。将教材延伸到复杂真实的世界情境中,结合当今社会真实发生的经济、政治、文化事件,在学习者已有知识和经验的基础上,各抒己见。其次,教学形式思维化。思维教学是以促进学生思维能力发展的教学形式,思维教学形式可以分为直接思维教学和融入式思维教学,前者强调思维技能的直接、显性教学,后者注重思维技能的迁移和隐形培养。最后,课堂检验思维化,由考知识向考思维变革,注重优化学生的思维结构,提高学生自我构建、自我发展的能力。(3)从思维的再认知方面看,加强审辩性思维元认知的训练。元认知强调对认知的调节,不仅着眼于认知的目的,更着重认知的过程[3]。审辩性思维元认知是对审辩性思维过程的再一次认知,其实质是一种自我

反思、自我矫正、自我进步的过程。在日常学习生活中，学生要不断地提醒自己是否已发现问题，自己的推理过程是否严谨合理等。思维教育培养审辩性思维导图如图6-2所示。

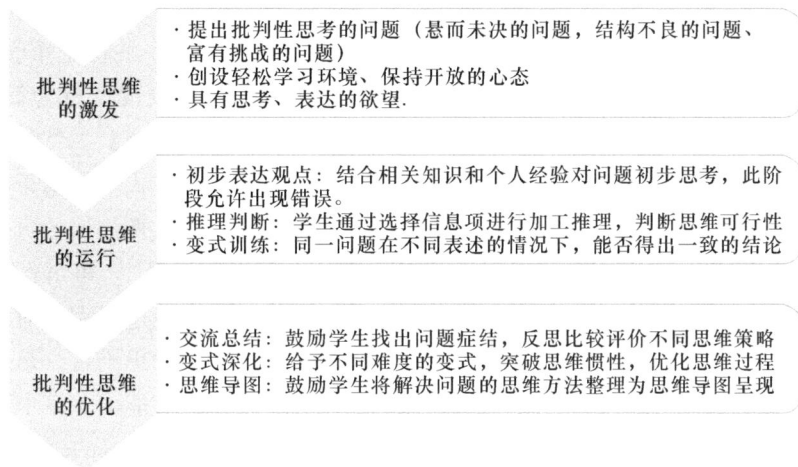

批判性思维的激发	·提出批判性思考的问题（悬而未决的问题，结构不良的问题、富有挑战的问题） ·创设轻松学习环境、保持开放的心态 ·具有思考、表达的欲望.
批判性思维的运行	·初步表达观点：结合相关知识和个人经验对问题初步思考，此阶段允许出现错误。 ·推理判断：学生通过选择信息项进行加工推理，判断思维可行性 ·变式训练：同一问题在不同表述的情况下，能否得出一致的结论
批判性思维的优化	·交流总结：鼓励学生找出问题症结，反思比较评价不同思维策略 ·变式深化：给予不同难度的变式，突破思维惯性，优化思维过程 ·思维导图：鼓励学生将解决问题的思维方法整理为思维导图呈现

图6-2　思维教育培养审辩性思维导图

二、提倡个性化教育，满足学生差异化需求

个性化教育理论与实践专家曹晓峰[4]将个性化教育定义为："通过对被教育对象进行综合调查、研究、分析、测试、考核、诊断，根据未来社会发展趋势及被教育对象的潜质特征，量身定制教育目标、教育计划等的教育措施"。个性教育的最终目的要做到"有教无类"和"因材施教"，而每个人的思维又是千差万别的，从这个意义上讲，个性化教育是审辩性思维养成的重要支撑。通过前文实证调查看到，每个学生不仅在审辩性思维总体水平上存在差异，而且审辩性思维各个子技能水平参差不齐。个性化教育旨在为每个学生提供量身定做的发展方案，是一种以"学生为中心"的更为细致的教育。践行个性化教育理念，避免"一刀切"式的培养学生审辩性思维，可以采取两步走的办法。第一，采用审辩性思维测评问卷，对学生的审辩性思维水平进行摸底调查，固强补弱。摸底调查的目的在于分清本科生的审辩性思维能力水平分布状况，根据保罗强、弱审辩性思维理论，对于得分高、潜质好的学生要着重培养自我审辩性能力，对于得分低的学生着重学习审辩性思维的相关知识，克服自我中心思想，形成初步审辩性思维能力。第二，从审辩性思维技能和倾向两个维度采取有针对性的教学：对于审辩性思维技能可以通过逻辑课程、审辩性思维课程进行相关知识的积累和训练；对于审辩性思维倾向，主要通过教师的合理引导，在日常教学中逐步养成。第三，审辩性思维的培养需要一个宽松与宽容的氛围，允许学生有与众不同的成长

路径与发展方式，允许学生犯错，积极引导学生在试错的过程中逐步获得科学的结论。

三、摒弃灌输式教育，引导学生主动探究

灌输式的单向输入是一种依赖、跟随、被动的教育方式，往往是重教有余，重学不足，灌输有余，启发不足，这种"输入观"直接导致教学行为简单化。引导学生主动探究的教育理念则是一种"输出观"，让学生自己"产出知识"。美国学者埃德加·戴尔学习金字塔理论认为："在主动学习方式中，基于问题对话的方式，两周以后的知识巩固率为50%；自己实践的知识，两周后的巩固率为70%；自己理解并讲给他人的知识，两周后的巩固率为90%"[5]。审辩性思维是以质疑的态度为起点，以问题意识为导向，通过推理、论证等过程完成对认知的再一次检验。灌输式的教育模式下难以培养出高水平的审辩性思维者。培养学生的审辩性思维需要唤醒学生的主动探究意识，增强学生的探究能力。笛卡尔有一句名言："我思故我在"，从侧面反映出思考的重要性。探究学习的过程一般包括发现问题、提出假设、收集事实和资料、辩证归纳分析、验证假设，最终综合、概括成果等步骤。在教学过程中，首先要培养学生的问题意识，敢于质疑的态度，让学生带着问题走进教室，带着更多的问题走出教室。其次，在探究学习的过程中，教师要营造一种容错的宽容态度，鼓励学生之间相互提问，共同探索。最后有必要指出，探究成果并不一定是唯一的，只要有充足的证据支持即可。这样有利于学生产生更多的审辩性成果与创新性的观点，极大地培养了学生的审辩性思维能力与创造性思维能力。通过学生的主动探究过程，实现从"要我审辩"向"我要审辩"转变。

就本科生审辩性思维教育而言，其理念的践行需要各个层面共同发力。首先，在国家层面，需要组织专家对审辩性思维的教育理念进行大讨论。其次，高校人才培养方案设计中，要将审辩性思维培养贯穿于课程设置、师资力量培训等方面。最后，课堂教学作为践行教育理念、达成培养目标的最后一公里，需要在教学模式、教学方法、教学环境等方面加以统筹考虑。

第二节　构建院校审辩性思维培养体系

教育理念是教育活动的指南，构建科学的审辩性思维培养体系是审辩性思维教育落地的重要保障。在院校层面，审辩性思维的培养应是一个体系化的过程即在培养目标的指引下，以课程实施为抓手，以优秀师资为保障，通过督导与检查，切实提高审辩性思维培养质量。

一、构建学生审辩性思维培养目标体系

审辩性思维是当下提高本科人才培养质量的关键抓手，更是增强各行业领域竞争力的现实需要。为了培养学生的批判性思维品质和技能，高等院校需要通过重设教育目标，将批判性思维的培养作为关键性指标[6]。结合高校特点，需要从总的培养目标和分目标加以详细论述。

（一）总目标

学生应具有较强的问题意识和反思精神，具备较强的逻辑推理能力，在学习和生活中逐渐养成审辩性思维倾向和掌握审辩性思维技能，能够在未来复杂竞争环境下做到"善察、善谋、善断、善为"。

（二）分目标

1. 科学文化素质方面

学生具有敢于审辩性思考的自信心与勇气，能够独立、自主地思考问题，勤于反思和善于接纳不同观点，在突破传统思维束缚的过程中，谨慎、明智地做出决定。掌握从任何情境找出主要观点和问题的能力；通过分析、推理、论证等逻辑分析技巧能够为结论提供支持；能够在给定条件中寻找替代方案，并比较方案之间的不同；善于对于问题解决的全过程进行审视和反思，能够做到监控自我认知行为。

2. 信息素养能力方面

学生能够在纷繁复杂的信息中审辩性的选择有用信息，不受错误或不实信息误导；能够克服从众心理，对于信息的理解，始终保持清晰的思路，不盲目从众；面对负面消息或舆论，能保持正常的思维、表达和自我控制能力。

3. 领导管理能力方面

学生具备自我审辩的勇气，勤于反思的工作经验，提高管理效力；能够以包容的心态，允许不同观点存在，不搞一言堂；拥有问题意识，善于抓住关键问题所在，坚持解决复杂问题的决心；能够在面对众多分歧意见时，通过对比、论证、评估作出科学的方案；具备公正合理的评价能力，重视证据与事实的作用。

4. 科技创新能力方面

学生养成求真务实的科学态度，勇于突破思维定式；学会用审辩性的眼光看待前人的研究成果，不迷信学术权威；养成自主性、探究性学习的习惯，勇于创新；掌握科技创新的基本知识和技巧。

（三）目标年级化

在确立审辩性思维培养目标体系的过程中还需要做到以下几点：第一，明确高校学生审辩性思维的总体结构，即培养学生的审辩性思维品质和审辩性思维能力两大方面，具体包括七大倾向和六大技能，两者在培养目标中不可或缺。第二，将审辩性思维培养目标细化，应分年级落实。审辩性思维的培养不是一蹴而就的，应根据学生的身心发展规律以及现有的审辩性思维发展整体水平，将培养目标分年级落实，不同的年级应有不同的培养目标。从本书数据调查的结果来看，高校学生的审辩性思维水平随着年级的升高而逐渐降低，这与我们常识理解相矛盾，毕竟随着年级的增长、阅历的拓展、知识的积累，审辩性思维能力水平本应逐年增长。因此，审辩性思维的培养应贯穿于整个学年中。各年级培养目标要求见表6-1。

表6-1　各年级培养目标要求

构成	年级培养目标
审辩性思维技能	一年级：初步掌握搜集资料的方法，在证明一件事对错的时候，能勤于寻找到相关依据
	二年级：能够分辨材料的真实性和有用性，并能够判断问题的价值，尝试制定系统地解决问题的计划
	三年级：能够发现论证的隐含信息，能够用言语和文字清楚地表达某一材料、事件、情景等要表达的意思
	四年级：能独立制定系统详细的问题解决计划，养成坚韧的品质，进行自我调节和监控认知活动，能够在学习、生活工作中运用学到的技能
审辩性思维倾向	一年级：对世界充满兴趣，能够在教师的引导下提出问题（即使问题可能还不太成熟、不太相关），提出一些质疑，看问题不会直接肯定或否定一切，能够形成初步的科学态度
	二年级：能积极思考一些深层次的东西，主动提出一些有意义的问题，知道证据的重要性
	三年级：思想更具开放性，能更加关注真实生活的问题和社会问题并具有解决这些问题的责任感，学生的审辩性思维自信心和分析性增强，反思能力增强
	四年级：具有公正的自我审辩能力，实现审辩性思维的自我指向

二、优化审辩性思维培养课程设置与实施

（一）开设审辩性思维课与逻辑课

第一，开设审辩性思维课程。审辩性思维课的教学目标不在于向学生传授一般程序性知识，而是注重培养学生的思考习性和创新能力的课程。开设专门的审

辩性思维课程，效果比较明显，在戴维·希契柯克的一项试验中，学生的平均成绩是 17 分（满分 34 分）提高了 19 分[7]。该课以必修课的形式向二年级学生开设，教学时间为一个学年。对于审辩性思维课程教材，可以选择延安大学武宏志教授编写的《审辩性思维》、董毓教授编写的《审辩性思维原理和方法——走向新的认知和实践》、巴沙姆等人编写的《审辩性思维》。对于审辩性思维课程设计模式，可以借鉴美国国家实验室科学教育小组设计课程的模式，该模式采用跨学科的项目任务研究，结合当前世界真实发生的经济、政治、文化的事件，在学习者已有知识和经验的基础上，对相关问题发表意见。在课程评价方面，由于审辩性思维课程注重思维能力的培养，适宜采用开放式评价策略，例如，评价量规、书面作业、事件评估报告、角色扮演等方式。对于审辩性思维课程师资问题，可以采用聘请客座教授的形式加以解决，例如延安大学的武宏志教授、北京语言大学的谢小庆教授、中国政治学院谷振诣教授、清华大学的钱颖一教授等，他们都是研究审辩性思维的专家。

第二，开设逻辑课程。逻辑课程的教学目标在于掌握逻辑基础知识，提高学生的逻辑修养，强化学生分析能力。逻辑课以必修课的形式向一年级学生开设，教学时间为一个学年。开设逻辑课程需要注意以下几点：首先，在教学过程中坚持知识性和趣味性相结合，逻辑教学不能拘于枯燥的理论解释，单纯地搞逻辑推理那一套，尤其对于数理逻辑的教学。其次，多采用案例教学、讨论等教学方法，激发学生辩论的热情，提高审辩性思维所需要的论证能力和发现问题缺陷的能力。最后，在逻辑课考查方面，既要重视逻辑知识的考查，又要重视学生论证能力的测评；在考查方式上，采用平时成绩和最终成绩相结合，口试和笔试相结合的方法。

（二）坚持课程思辨方向培养学生的审辩性思维

审辩性思维课和逻辑课适用于任何专业的学生，属于审辩性思维能力养成的基础课。除此之外，还应坚持课程思辨。借鉴课程思政的概念，可以将课程思辨定义为：在所有的专业课程中，充分利用好课堂教学主渠道，将审辩性思维贯穿于具体的专业课知识的传授过程中，有意识的、潜移默化的培养本科生的审辩性思维。结合专业课培养学生的审辩性思维，总的来说需要做到以下几点：第一，教学内容应更具思辨性，在起因与结果的分析中、优势与劣势的对比中、变化与冲突的洞察中培养审辩性思维；第二，教学方法应更加多样化，该方式要求要根据所教学科知识结构和学科特点，适当地采用辩论式教学、案例分析、小组合作、课堂展示和角色扮演等方式教学；第三，对教师来讲，更需要掌握一系列审辩性思维方法和技能，对教师教学水平提出更高的要求。在前文分析中，高校本科生的岗位核心能力与岗位任职能力都与审辩性思维有着密切的联系。目前，本科学生所属专业不同，培养目标定位也不同，本书仅在专业知识、科学文化、专业背景、履职能力等 4 个模块中尝试贯穿审辩性思维的培养。

课程思辨导向培养学生审辩性思维案例举例见表 6-2。

表 6-2　课程思辨导向培养学生审辩性思维案例举例

课程模块	课程名称	课 程 目 标	年级	考核形式
专业基础	教育理念	了解国内外著名的专业教育思想，能够将不同的专业教育思想进行比较，剖析审辩性思维在其中的作用	一年级	论文写作、演讲
	专业战略	分析各国专业战略部署，善于从中发现问题，并学会置身于当时情境下，修正完善专业战略部署	二年级	战略推演、战略分析写作
科学文化	自然科学	了解自然科学中审辩性思考的例子，在数学、物理、化学等学科中提高数理逻辑推理能力，培养严谨的科学思维	所有年级	测试题
	人文科学	具有较强的语言交流与文字表达能力，富有审辩性思维意识以及浓厚的文化底蕴。开设经典名著、西方电影文化欣赏等课程		审辩性写作、名著阅读沙龙
	公共工具	熟悉信息和文献检索方法，具有较强的信息素养和数据思维。开设文献检索的选修课		论文
专业背景	文秘类专业	在对专业领域的准确性、真实性、权威性进行核查的过程中培养学生的审辩性思维	所有年级	考试
	管理类专业	掌握科学的领导管理的方法艺术，包容的心态、善于听取别人的意见。在条件不完备的情况下，通过审辩性思考来快速决策，并能因势而变		
履职能力	部门建设能力	直面岗位所需要的能力和素质要求，为学生的自我培养和提高，提供明确的职业指向和岗位导向	四年级	考试
	科技创新能力	养成科学的思维方式，运用所学的知识多角度地思考问题，发现存在的问题		创新成果检查

（三）注意发挥隐性课程的作用

隐性课程相较于显性课程具有潜移默化、润物无声的作用。顾泠沅先生指出，按照知识的外化程度，可以将知识分为外显知识与内隐知识[8]。外显知识可以经教授获得，而内隐知识必须通过学生的实践获得。而人的思辨能力、创新能力主要存在隐形知识当中，要充分注意，通过隐性课程的发展来提高学生的审辩性思维能力。例如讲座、沙龙、辩论赛活动等，相较于前两种培养方式，该方式通常为间接、隐性习得。讲座课程可以邀请审辩性思维研究专家，为学生讲解审辩性思维研究前沿学术动态，以及审辩性思维在日常学习中的应用等。鼓励学生组织审辩性思维沙龙活动，培养学生对审辩性思维的兴趣，在潜移默化中提升学生的审辩性思维水平。各院校可以举办一年一届的辩论大赛，激发学生对审辩性论证的兴趣，为审辩性思维的培养营造浓厚的气氛。

（四）注意审辩性思维培养的实践取向

审辩性思维培养的过程要关注实践取向，而不只限于理论层面的研究。审辩性思维课程培养的目标是能够在实践中勤于反思并能解决问题的思考者。学生应注重学以致用，将审辩性思维运用到现实生活的各个领域，在实践中锻炼审辩性思维能力。在课程内容选择上要多选取一些当前世界真实发生的经济、政治、文化的事件。在课程实施过程中强调学生的参与性，获得真实的情感感受。在审辩性思维培养实践中可以结合具体专业设置审辩性思维培养活动，借鉴斯坦福大学的"审辩与分析思维"（CAT）实践取向课题（见表6-3）的做法，培养审辩性思维。

表6-3　2010年秋季学期斯坦福商学院（CAT）实践取向课题表[9]

周次	日期	主题
1	9月23日	谷歌退出中国问题的陈述与辩论
2	9月30日	谁毁灭了电动汽车？进一步推论与有效结构性辩论
3	10月7日	离群值的使用即无用证据
4	10月14日	大卫·布鲁克专栏关于整合经验和外部证据的职业建议
5	10月21日	20年（1987~2007年）间毒性与种族的相关性：原因与证据
6	10月28日	中期检查，研讨和论文
7	11月4日	使用审辩性和分析思维有说服力的表达相反观点

三、增强审辩性思维师资力量

开展审辩性思维教学并不容易，相关培养目标的落实，课程的高效实施，既需要教师具有丰富的知识结构，又要游刃有余的运用审辩性思维的技能。诚如审辩性思维专家董毓所说，审辩性思维教育是系统化的行动，教师培训是重要的突破口之一[10]。解决目前审辩性思维教育遇到的瓶颈，需要强化教师的审辩性思维能力。

（一）增加知识储备，夯实基础

审辩性思维的养成是以厚实的知识为基础。没有丰富的知识体系也就不可能从多角度来支持或反对某一事实、理论，也就谈不上具有审辩性思维。教师审辩性思维的养成，需要增加知识储备。首先，教师需要补充以下三类知识：一类是本体性知识，此类知识主要包括教师所具有的特定专业学科知识，这也是教师进行授课的基础和前提。二类是条件知识，通常被称为教育科学知识，主要包括教育学、教育心理学、教育政策法规等知识。三类是文化知识，教师丰富的文化知识不仅能拓展学生的精神世界，而且能激发学生的求知欲。作为一名合格高校教师要不断扩充知识体量，用自己的一桶水来满足学生的一杯水。高校教师不能只盯着自己专业的知识，更应该努力做到博古通今、触类旁通、引经据典。例如，可以通过研读审辩性思维教材，增加自己对审辩性思维的了解，掌握推理论证的技巧。

（二）强化思维训练，提高能力

培养学生审辩性思维的前提是教师事先了解和具备审辩性思维。作为一路从"应试教育"走出来的教师既要消解自己的权威，同时又要学会挑战权威，不是一件容易的事情。首先，教师要了解审辩性思维的相关概念、理论、方法和规则，走出审辩性思维误区。例如，审辩性思维不等于否定，而是谨慎反思和创造；审辩性思维不等于论证逻辑而是辩证认知过程等，并在此基础上对审辩性思维在学理上形成正确、完整、深入的认识。其次，教师养成审辩性思维的一个重要方式是对教材的审辩性使用，对待教材不能将其视为金科玉律，要敢于对教材的授课时间、组织方式、表达方式结合学生的经验和社会背景进行重新调整。最后，各学院应建立系统的教师指导与培训体系，充分利用高校和社会的优秀资源，为教师提供学习的机会和平台。例如，各高校可以选派教师参加一年一度的审辩性思维研讨会，或者参加其他高校的审辩性思维教师培训班。

总之，批判性思维不是一门单独的课程，或者单独的技能训练，审辩性思维教学与传统的知识传授有很大区别，正如董毓所说推广审辩性思维教育是在非审辩性的文化中顶风前行，它代表着对教师的自我挑战，需要教育者自己改变知识观念、思维方式、行为方式等。

四、强化审辩性思维培养效果的督导与检查

高校本科生审辩性思维的培养不仅需要目标指引、课程建设、优秀师资等因素的保障，还需要发挥督导与检查的激励、鞭策作用，已明确学生的审辩性思维水平处于增值状态。总体上来讲，主要包括以下三个方面：第一，需要邀请相关专家对审辩性思维培养目标的文本表述、难易程度进行评测，避免出现笼统化、模糊化以至于流于形式或者出现审辩性思维目标定得过高、过低的现象；第二，在课程建设方面，检查必修课、选修课、拓展课等是否高质量的开足上好；第三，邀请督导专家开展联合督导听课、评课，对审辩性思维培养的课堂表现进行检查。当然，审辩性思维养成是一个动态过程，需要一个更为细致的评测过程。其一，测量某一时段学生审辩性思维能力的增值幅度，比较一个学年之中两个学期之间是否处于增值状态；其二，分析某项特定活动对学生审辩性思维能力增值幅度的影响，如一学期的审辩性思维课程学习、参与多元化课程学习、参与俱乐部或其他类型社团活动等。在机构组织方面，成立审辩性思维管理与咨询机构，负责课程开设、审查与持续评价等事务。人员由主管教学的领导，各专业教授、教师代表、学生代表组成，定期对审辩性思维课程实施效果进行检查并提出反馈意见。

第三节　变革课堂教学

课堂是教育教学的核心构成要素，是完成教学任务的主场所[11]。自 21 世纪以来，课堂教学状态发生了深刻变化，但仍离人们的预期有很大差距。一堂好课的目的究竟是什么？本书认为，一堂好课并不仅仅是方法策略的如何多样，学生配合的如何流畅，课堂容量如何丰满，而是学生有没有问题生成的情景和思维碰撞的际遇。课堂生活的内在品质是审辩性思维的培养。审辩性思维的课堂实践相较于宏观理论的探讨，更具有实际操作性，同时也是教育理念、培养目标落地见效的重要环节。课堂教学包括调整教学过程、选择教学模式、优化教学环境等过程，将审辩性思维贯穿于课堂教学各要素中，对于培养学生审辩性思维者意义重大。

一、重塑教学过程

审辩性思维是个体主动思考的过程，而传统的教学过程往往是在学校、教师的硬推力下开展，缺乏柔性。学生的学习动机难以激发，主动求知的习性难以养成，自我建构的能力难以形成。因此，需要通过重塑课堂教学过程，提高学生的审辩性思维培养效力。

（一）变"硬导入"为"动机激发"

学习课堂导入是课堂教学的第一步，也是教学内容与审辩性思维培养能否顺利融合的关键因素。审辩性思维强调反思、重视问题的价值，主张主动地克服思维定式，走出思维的"舒适圈"。学习动机是课堂导入重要的任务之一，学习动机是激发学习者学习动力，维持学习行为，指向学习目标的一种心理活动[12]。学习动机的激发有利于增强学生摆脱思维惰性制约的自制力，充分发挥个体的主观能动性，让学生明白为什么要学，学生学习动机一旦激发，优质的课堂教学已经成功一半。在日常课堂教学中，部分教师仍然拿着教材或者 PPT 直接照本宣科，根本无视学生学习动机的激发，间接地影响了审辩性思维培养的效力。目前，课堂导入存在导入形式单一、导入方法老套，甚至没有导入环节的现象。在导入环节教师应该多提一些促进审辩性思维养成的问题。例如，解释为什么，隐含意义是什么，本质是什么，相反的解释是什么等一系列问题，激发学生的学习动机。

（二）变"满堂灌"为"主动求知"

审辩性思维要求主体在独立、主动的状态下展开思维活动，"满堂灌"教学形式、"填鸭式"知识传授方式无疑压制了学生审辩性思考的意愿。从"满堂灌"变为"主动求知"，其实质就是要树立学生学习主体地位的过程。首先，教师应该树立以学生为中心的教学观，摒弃习惯于"经验教学"的陋习，注意教学内容的横向联系和知识框架的搭建，单一知识点或者单一维度的知识很难满足审辩性思维对知识系统化、综合化的要求。其次，学生的主动求知在于教师的合理引导，审辩性思维教学鼓励学生提出问题，解决问题。作为教师，在教学中无论是对教材内容，还是在课程设计以及教学活动方面都要全方位、积极地引导，尤其是在设计问题讨论时，不设唯一答案和标准答案，更正对学生要么"对"要么"错"、要么"是"要么"否"的二元机械看法。最后，要发挥元认知对于学生审辩性思维培养的计划、组织和监控的作用。元认知是指学生对自己学习过程的有效监视和控制倾向，学生努力把这种内隐的过程转变为外显的过程，以便检验和给予反馈。

（三）变"检查知识"为"自我建构"

审辩性思维是一种主动思考的过程，是个体自主构建与价值引导之间的对立统一。建构主义学习观认为个体认知的过程是结合已有经验主动建构的过程，这个过程就包含了对原有经验的审辩性的思考。就审辩性思维的养成而言，如果仅仅关注审辩性思维有关知识的检查，而忽略其倾向的养成，审辩性思维的培养效果将大打折扣；其次，这种检测方式往往是被动的测评，很少关注到学习者内心对知识、情感获得的主动性、自主性。因此，审辩性思维课堂教学效果的检验并非一纸测验就能实现的。关于在培养学生审辩性思维的过程中如何实现自我建构，本书认为无论何种专业课堂教学效果的检验，对于审辩性思维知识、精神的考核两者缺一不可。其次，审辩性思维能力的考核要考虑到学生原有经验，多结合具体真实的情境考核学生的审辩性思维能力。

二、优化教学模式

教学模式反映特定的教学理论，是为达到一定的教学目标而采用的一系列教学形式、策略的模式化教学活动结构。传统的教学模式以教师为中心，教学关系表现为教师的单向输出，学业测评以纸笔测验为主，显然这种教学模式不利于审辩性思维的养成。近年来，随着教学改革的力度逐步加大，一些新的教学模式不断涌现，通过对相关文献分析，本书认为探究式教学模式、案例式教学模式、跨学科教学模式最有助于本科生审辩性思维的养成。

（一）探究式教学

探究式教学起源于美国教育家杜威、萨奇曼和施瓦布等人的探究式理论。探究式教学（见图6-3）是教师和学生共同围绕学科内容发现一些可探讨的问题，最终通过一系列的探究过程得出探究成果的活动。探究的过程一般包括发现问题、提出假设、收集事实和资料、辩证归纳分析、验证假设，综合概括分析成果。探究式教学模式重在两个观点在此过程中，学生自主学习，主动去研究、探讨和分析问题。有必要指出的是探究成果并不一定唯一，只要有充足的证据支持即可，这样有利于学生产生更多的审辩性成果与创新性观点，极大地培养了学生的审辩性思维能力与创造性思维能力。

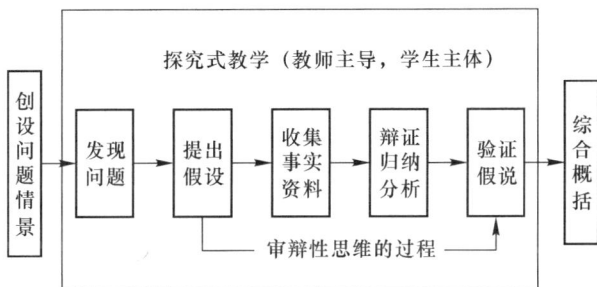

图6-3　探究式教学与审辩性思维的关系示意图

（二）案例式教学

案例教学是通过对一个具体教育情境的描述，引导学生对这些特殊情境进行讨论的一种教学方法。在案例教学中，每一个个体都需要贡献自己的智慧，没有旁观者，只有参与者。案例教学的潜在意义在于可以促进课堂讨论。教师应该作好充分的准备，引导学生深入细致地分析、洞察隐含的问题，把学生引导到新的思维水平。这种教学模式往往是与具体学科情景相结合，基本步骤包括：一是教师结合本学科的知识内容，甄选具有代表性的案例，告知学生相关信息和要求，请学生以真实研究者的角度介入思考；二是学生运用本学科或相关知识对案例进行剖析，运用头脑风暴等方法探讨解决方案；三是学生汇报，教师根据其设想，增加相关信息；四是学生再次讨论并汇报；五是教师提供原始研究者的解释和方案，整个流程模拟了科学研究的真实情景，要求学生对数据进行分析，提出假设，收集信息，对假设进行论证或者重新假设，再收集更多的信息，在如此循环中不断拓展学生的审辩性思维。

（三）跨学科教学

当前，高等教育课程体系呈现出"跨思维""跨学科"的趋势。长期以来高等教育"知识分化、学科本位"的理念对高等教育发展产生了系列负面教育，学科划分越来越细，学科与学科之间缺乏沟通互动，造成了对其他学科知识的漠视[13]。跨学科教学最早出现于 20 世纪 20 年代的美国，在集体备课期间，跨学科教学要求不同学科不同专业的教师围绕同一主题从不同角度进行教授与讨论，它不仅仅是提供多学科信息，更主要的是培养教师、学生的跨学科审辩思维能力。跨学科教学的优势主要在于多门学科之间的交叉，利用不同学科的知识来共同研究同一个问题。例如，在人文学科领域，跨学科教学方法已经成为重要的教学方法。在课堂教学期间，教师可以有意识地将专业知识与其他学科的内容相结合。这种有意识的结合并不是无意义的"生搬硬套"，而是一种能将学科知识阐释得更加清楚的教学方法，它需要教师对知识背景的高度掌握和运用。例如在物理教学中适宜的贯穿化学知识，力争学生对某一问题形成更加全面的认识。跨学科教学方法为不同知识之间的交流提供了可能，也为利用一门学科知识审视另一门学科知识提供了可能性，拓宽了学生思维广度和深度，对培养学生审辩性思维有着重大作用。

（四）小班化教学模式

西方学者普遍认同审辩性思维的思想起源于"苏格拉底对话模式"，通过反讯、归纳、诱导、定义四个环节，激发学生的主动性、发展学生的思维能力。小班化教学最大的特点在于问题的诞生和思维的交流碰撞。

三、科学选择教学方法

教学方法是师生之间共同完成教学内容的手段。对于教学方法的选择既要考虑到教学目标的要求，又要考虑到课堂教学实际情况。高等教育阶段审辩性思维的培养关键在于使学习者形成爱质疑、讲理由、合逻辑的思维品质，本书认为讨论法、项目教学法以及发现法对审辩性思维的养成有重大影响。

（一）讨论法

长于灌输短于讨论是当前高等教育课堂教学的常态现象，这种教学惯性制约了审辩性思维能力的培养。讨论法是一种师生之间、生生之间通过对某种现象或议题进行平等的反思、争辩、认同，在充分表达意见的过程中实现教学目标的教学方法。讨论法对培养审辩性思维的益处有三：其一，讨论的过程是通过积极互动调和认知冲突的过程，在互动的过程中，学生的主体意识得以生成，主动习性得以培养。其二，课堂讨论的基础在于严谨的思维，不知所云的发言毫无意义，发言者为了把自己的观点表达清楚会大胆的假设、仔细的推论。在此过程中，学生思维的精确性、相干性、逻辑性会得到显著的提升。其三，讨论得以持续的保障在于知识的丰富性、科学性。在讨论的过程，发言者、收听者都会积极地扩充知识容量、调整知识结构以适应讨论的需要。运用讨论法培养学生审辩性思维一般分为讨论方案的制定、讨论、总结三个部分。在实际课堂实践中，首先，教师要积极扮演主持者、协调者的角色，及时纠正在讨论过程中的错误；其次，这种讨论是全员的讨论，所有学生应积极动脑思考，不能一味地接受别人的观点，力争所有学生有所思、有所得。再次，灵活运用讨论法，例如多采用专题式讨论、辩论式讨论、师生之间对话式讨论。最后，有必要指出的是，在教学实践中讨论法并不是被单独使用，合理结合其他方法，效果更佳。

（二）项目教学法

项目教学方法（problem-based-learing，PBL）最早见于美国教育家与加拿大教育家查德合著的《项目教学法》，是一种以问题为导向，以项目为依托，以教师为主导，以学生为主体的教学方法[14]。项目教学法具有以下几个特点：第一，项目教学强调跨学科的立体知识的融会贯通，对不同学科知识进行选择性的使用，实现从"学会"向"会学"的转变；第二，在项目教学中，学生是项目的参与者与责任人，学生的主体地位得到充分的尊重，并在此过程强化合作精神、探索精神；第三，项目教学注重的是完成项目的过程而不是最终结果。项目教学法的实施过程总体上包括三部分，分别是确定项目的目标和任务、项目活动的操作过程以及评价过程。采用项目法培养学生审辩性思维，主要包括以下五个步骤：师生讨论，确定项目主题；教师指导学生选定研究方法，查阅资料；确定对象，进行调研，采集数据；撰写项目调查分析报告；学生展示项目成果，教师对项目成果进行评估。在整个过程中，教师既不是照本宣科，也不是放任自由，教师要引导和激励学生主动参与，启发学生积极思考，大胆创新，培养学生的审辩意识。项目教学法用于培养审辩性思维，主要结合具体的情境问题或事件，来设计实验性项目，审辩的对象常选择大众关注的问题，例如环境保护、社会问题等，其目标是突破教材内容的限制，以项目的开展来推动审辩性思维教育。

项目式教学培养审辩性思维示意图如图6-4所示。

（三）发现教学法

发现教学法是美国教育学家布鲁纳倡导的一种基于问题探究的教学方法，通

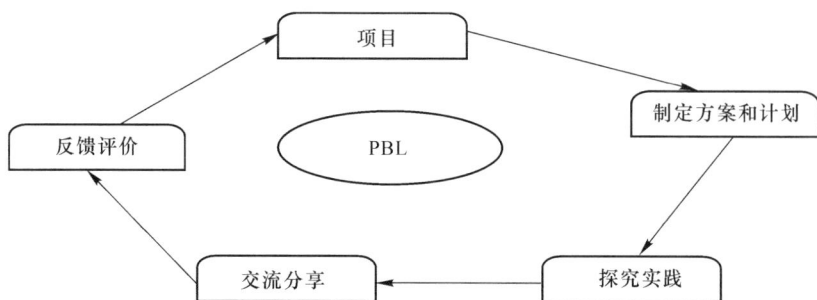

图 6-4　项目式教学培养审辩性思维示意图

常并不是将概念、原理等学习材料直接呈现给学生，而是在教师的启发下，学生主动地探究科学知识和解决问题。发现教学法共分为四个阶段。第一阶段：创设问题情境，在情境中产生认知冲突，提出问题；第二阶段：学生在教师提供材料的基础上，引导学生提出问题解决的假设；第三阶段：从理论和实践上验证自己的假设；第四阶段：用审辩性思维的视角检验自己的假设并作出相关反思。从上述四个环环相扣的阶段来看，发现法其实质就是发现问题、分析问题、解决问题的过程。审辩性思维始终存在于解决问题的过程，发现教学法的第一阶段，有利于培养学生的问题意识；第二、第三阶段有利于提升审辩性思维水平所必须的解释、分析、推断的能力；第四阶段是自我评价、自我反思的阶段，有利于提升学生自我校准的能力。诚如胡适先生所倡导的，对待科学要"大胆的假设，小心的求证"，在运用发现教学法培养学生审辩性思维的过程中，教师第一要善于鼓励学生能够大胆假设，以一种怀疑的精神发现问题，提出问题，养成审辩性思维的习惯和态度。第二，鼓励学生通过各种解释、分析、归纳等方式去收集证据，证明假设的可行性，进而发展学生的审辩性思维技能。第三，要注意在运用发现法的过程中，培养学生的自我反思能力，提高学生审辩性思考自己的能力和倾向。有必要指出的是，发现法教学并不是让学生自己找材料，而是在教师提前准备的材料中去发现，因此，对教师课前准备提出了更高要求。

四、创设支持性教学环境

教学环境不仅仅是以多媒体为代表的硬件设备，还包括一系列潜在的、内隐的环境因素。教学环境作为教育活动的重要组成部分，意义重大，正如佐藤正夫所言，学生的发展是基于环境的自身创造。审辩性思维的养成与个体周围环境有着密切的关系。

（一）良好的师生关系

师生关系是教育人际关系中一对最基本、最重要的关系，如翟宝奎所言，师生关系对教学质量、学生成长的关系，丝毫不亚于空气对人的价值[14]。同样良好的师生关系对培养审辩性思维有着不可或缺的价值和意义。在传统封建社会体制下，教师常以传道、授业、解惑的姿态高居上位，师生关系演变成管理与服从、教育与被教育的关系。师生关系长期表现出单极化、非对称性的特点，功利主义色彩浓厚，并在功利主义的裹挟下往往将对知识的渴望转变为对教师的尊从。在尊师重教观念的规制下，学习者被刻画成"听从者"，而"听从者"是不可能有审辩性思维的。现代教学观念强调，要构建平等、民主、和谐的师生关系。首先，课堂人际生活的基础是非独断、非压制、非暴力的社会关系，师生作为平等的主体参与到课堂教学中，是"我与你"关系而不是"我与他"的关系，而审辩性思维的培养需要一个较为宽松的、容错纠错的课堂环境，只有学习者的主动性、自主性得到充分的尊重，审辩性思维才得以养成。著名审辩性思维学者柏林勾勒了审辩性思维教学法的三个成分之一便是提供一种珍视审辩性思维的环境。其次，在教学过程中，师生关系表现为教学相长的关系，"学然后知不足，教然后知其因"，师生在教学活动中彼此促进，共同进步。审辩性思维的起点在于质疑，教师虽然是知识的源泉，但如果将教师知识权威绝对化、神圣化，容不得半点质疑与超越，学习者难免沦为知识的容器。最后，师生关系还体现在更为深层次的心理关系，表现为关系密切、情感融洽。良好的心理关系对师生之间的交往起着润滑剂的作用。综上所言，教师在日常教育活动中应该给予师生关系足够的重视，营造民主、平等、和谐的师生关系，为审辩性思维活动提供宽松的环境保证。

（二）平衡的教与学关系

教师的教与学生的学是教育活动中最生动的实践，然而对于两者的关系我们似乎有这样的误解：教师教的，学生拼命地学，教师不讲的，学生便可以心安理得不去理会。关于两者的关系，在教育思想史上曾经出现两种过度倾向，一是过分强调以"教师为中心"，忽略了学生的主体性；二是过于重视以"学生为中心"，削弱了教师的主导作用。教育活动（当然也包括审辩性思维的培养）真实的发生不在于各参与者是否在场，而在于合理把握"教"与"学"的关系。现代教学观对教师的身份重新认定，主张要把学生的权利和责任还给学生，教师不再是知识的提供者，而是"协助者"，这种观点帮助学生树立了作为学习者的主体性。建构主义理论观认为学习的过程是学生自主建构的过程，强调原有的认知与经验在学习者的求知过程中的作用，这使得教师强制的灌输失去了意义。审辩性思维是自我反思、质疑并最终实现自我建构的过程。学生审辩性思维的培养既需要教师的合理引导又需要学生积极地增强审辩性思维能力。审辩性思维的"学"与"教"，两方面不可偏颇，缺一不可。

除此之外，还应该处理好教学与教材的关系，从教学实践来看，教材边缘化与神圣化是审辩性思维难以培养的重要原因。教材边缘化主要表现为教师以经验代替教材，想当然的、主观的塞入、扩充大量拓展资料，最终结果可能是贪多嚼不烂。教材神圣化是指把教材当作唯一的"宝典"，"一心只读圣贤书"，对于教材的内容不敢越雷池半步，难免思维最终被格式化，毫无审辩性而言。对于教材我们应该持开放态度，结合时代背景，合理地把握教材的张力。

五、强化教学评价效力

课堂教学评价是检验课堂效力的关键节点，是对应然教学目标与实然教学效果之间差距的一种衡量。我们不得不承认简单化的教学评价模式制约了学生审辩性思维的培养效果，本节内容讨论的重点在于：怎样的评价体系更有利于审辩性思维的培养，并从评价重点、主体、方法等方面提出相关建议。

（一）评价重点——从知识型评估走向能力型评估转变

审辩性思维的养成要求我们把课堂评价的重点从知识评价转向能力评价。知识型评价方式是一种以学生热衷于记忆为代价，以纸质测验为工具，以学生考试成绩为评测标准的评价方式。而能力型评估是指除了评估学生对知识的掌握和理解外，更重要的是检测学生分析、推理、论证等逻辑思维能力以及情感、态度、价值观的表现。高分低能的现象足以说明知识和能力并不成正比例。然而，目前高校的教学评价，无论是形成性评价还是终结性评价过于偏向知识的学习与获得，检测的是学生对学科知识的记忆能力，这样会导致学生在学习过程中只注重对知识的死记硬背从而忽略了情感态度的培养以及各种思维能力的锻炼。因此，本科生的审辩性思维评估重点应该从知识型评估方式向能力型评估方式转变。

审辩性思维能力评估见表6-4。

表6-4　审辩性思维能力评估细表

类目	具　体　要　求	方　　法
知识力	普通概念、事实、原理、规则；问题的定义、描述、识别	重点知识点列举、记忆矩阵、空白提要
理解力	对上述各项知识的理解以及相关资料的诠释；问题的变式、辩解；区分不同种类观点	变式训练、撰写报告、讲述、转变看问题视角
表达力	应用知识，解决问题；表达自己的观点，接受别人的意见	演讲、演示、修改、表演等
分析与综合力	提出条件假设、识别逻辑错误；能够区分事实与推测结果；实现不同领域专业知识的横向结合，创造性地解决问题	举例、分类、优缺点比较、分析记录、撰写概要、一句话总结

类目	具 体 要 求	方 法
评价力	识别和评估假设；严格的评价证据；对推理过程进行评价	分析报告、形势预判、广泛收集证据
情感态度	渴望求真、自信的求知、开放包容的胸襟、诚实谦逊的态度	崇拜人物简介、日常道德困惑
元认知力	对审辩性思考过程的思考	撰写笔记、总结经验教训

(二) 评价主体——从单极走向多极

在一节课中，审辩性思维能力培育效果如何，需要多方评价主体参与。在传统课堂评价中，评价主体往往局限于教师或教育管理部门，评价主体窄化，单一的教学评价主体遮蔽了教学评价的全方位视角。课堂教学评价主体一般包括五类人员：学生、教师、同行、专家、学院领导。学生作为学习活动的主要参与者，应该享有对学习成果评价的权利和承担评价的义务，新的课堂教学评价观主张学生互评、自评。教师作为教学活动的主导者，更需要通过自评反躬自省。同行教师对教学活动有着感同身受的体验，起着一种旁观者清的提示作用。审辩性思维是对原有观点及其视角、证据、表达方式等重新"检验""辩护"和"再思考"，评价的过程就是对课堂教学审辩性思维的过程。在课堂评价的过程中，我们需要注意以下几点：首先，教师要以鼓励的姿态评价学生审辩性思维养成的成果；其次，学生自评与互评时，要避免在思考和评价观点时出现宽于待己、严于待人的倾向，公正客观的做到自评与互评。最后，专家、领导评价时要注意评价指标的完善，严格按照评价指标评价，具体见表 6-5。

表 6-5 高校学生审辩性思维增值调查表（可自评与他评）

审辩性思维构成	审辩性思维能力评估内容	刚入校时	现在
审辩性思维倾向	寻找真相	1，2，3，4，5，6	1，2，3，4，5，6
	开放思维	1，2，3，4，5，6	1，2，3，4，5，6
	分析能力	1，2，3，4，5，6	1，2，3，4，5，6
	系统化能力	1，2，3，4，5，6	1，2，3，4，5，6
	审辩性思维的自信心	1，2，3，4，5，6	1，2，3，4，5，6
	求知欲	1，2，3，4，5，6	1，2，3，4，5，6
	认知成熟度	1，2，3，4，5，6	1，2，3，4，5，6

审辩性思维构成	审辩性思维能力评估内容	刚入校时	现在
	解释	1，2，3，4，5，6	1，2，3，4，5，6
	分析	1，2，3，4，5，6	1，2，3，4，5，6
	评估	1，2，3，4，5，6	1，2，3，4，5，6
审辩性思维技能	推论	1，2，3，4，5，6	1，2，3，4，5，6
	说明	1，2，3，4，5，6	1，2，3，4，5，6
	自我调节	1，2，3，4，5，6	1，2，3，4，5，6

注：1=非常差；2=差；3=一般；4=好；5=很好；6=非常好。

（三）评价方法：从单一走向多元

传统的课堂教学实践过于重视终结性评价而忽视诊断性评价的导向作用与过程性评价的核心作用，尤其是对教材完成度与学生学习成绩的过度追求，制约了课堂评价的实效。诊断性评价是指在课程学期的开始或教学活动开始前，教师采用诊断性评价对学生的学习准备程度和知识基础做出鉴定，以便设计出可以满足不同起点水平和不同学习风格的学生所需的教学方案。过程性评价关注师生的教与学中的动态的增值过程，强调变化性、进步性，同时对情感、意志等非智力因素高度关注。终结性评价是指为了了解教学最终效果而进行的评价。在今后的评价方法中要三种评价方法并用的原则，使教师和学生不只机械的关注等级或分数，真正将对学习的预判、过程、结果融入日常学习中。第一，采用课程考试的方法，注意要避免仅用一次性考试就判定学生水平的倾向，可采用课堂时事政策预判、课堂审辩性写作、读后感等方式培养学生的审辩性思维倾向，通过课堂小测、每周小测平均值等方法测试审辩性思维技能的增值情况。第二，采取量规的方式评价学生的审辩性思维能力水平，多数量规是以二维表格呈现，即由评价指标、评价标准、评价等级三部分组成[15]。第三，电子作品档案夹。档案夹通常用来收集学生在审辩性思维培养过程中的表现作品，例如，关于时事政策的报告等。电子作品档案夹具有储存容量大、便于浏览的作用。

（四）评价功能：从管理监督走向负载发展

评价功能是指对评价作用的认识，本书认为在审辩性思维培养的视角下，课堂教学评价的功能应该从监督与管理功能转向促进师生发展性功能。从价值观念来看，强调评价功能的发展性本身就暗含了"以人为本"的教育理念。从评价对象来看，很多无形、处于动态发展的学习成果，单纯的督促管理效益不大。管理监督功能并无可厚非，这也是课堂评价优先满足的需求，但课堂评价若过分地追求管理监督功能，那么评价的工具主义通常会遮盖了评价的发展意义，评价的价值导向在于研究出何种措施能促进师生的进步，而不是把重点放在谁优谁劣上的评价结果上，并以此作为奖惩的依据。审辩性思维作为一种内在的、无形的思维存在方式，其习得、运用得益于个体主动性、自觉意识以及环境的熏陶。只有将审辩性思维的教育蕴含于发展理念当中，而不是迫于外在的监督管理采取一种应付态度，审辩性思维教育才能富有成效。

参 考 文 献

[1] 李萍，钟明华．教育的迷茫在哪里——教育理念的反省［J］．上海高教研究，1998（5）：22．

[2] 钱颖一．批判性思维与创造性思维教育：理论与实践［J］．清华大学教育研究，2018（8）：33．

[3] 罗英．批判性思维与元认知思维的关系探析［J］．教育理论与实践，2019（23）：3．

[4] 崔益虎．高校创新人才个性培养模式探索［M］．南京：东南大学出版社，2016．

[5] 姜艳玲，徐彤．学习成效金字塔理论在翻转课堂的应用于实践［J］．中国电化教育，2014，（7）：133~138．

[6] 肖薇薇．批判性思维缺失的教育反思与培养策略［J］．教育理论研究，2015（1）：6~7．

[7] 戴维·希契柯克．批判性思维教育理念［J］．张亦凡，周文慧，译．高等教育研究，2012，33（11）：54~63．

[8] 顾泠沅．教学任务与案例分析［J］．上海教育科研，2001（2）：2~6．

[9] 黄存良：通识课程视阈下大学生审辩性思维课程设计研究［D］．上海：上海师范大学，2019．

[10] 董毓．角逐批判性思维［J］．人民教育，2015（9）：13~19．

[11] 程良宏．学生深度参与的课堂学习及其实践路向［J］．西北师范大学学报（社会科学版），2021（2）：54．

[12] 陈琦，刘儒德．当代教育心理学［M］．北京：北京大学出版社，1997．

[13] 周杰．课程统整：我国高等教育内涵发展的有效路径［J］．黑龙江高教研究，2017（11）：161~163．

[14] 吕艳娇，姜君．PBL教学方法对美国研究生创新能力影响［J］．黑龙江高教研究，2018（11）：113~116．

[15] 翟宝奎．教育学文集［M］．北京：人民教育出版社，1993．

第七章 未来研究与展望

第一节 研究工作中存在的问题

由于客观条件的限制，作者的研究工作尚存在一些不足和需要改进的地方。一方面，在研究对象上，本书选择大一与大四的本科学生作为被试，研究对象并未涉及大二、大三学生，未能全面描述高校本科毕业生在接受高等教育过程中审辩性思维能力的发展规律。另一方面，在研究方法上，虽然采取大样本的问卷调查，但研究方法比较单一，未能综合利用访谈法等方法。虽然本书还存在许多不足，但本书为高校本科学生审辩性思维培养提供了参考资料和数据，也为今后的相关研究提供了研究方向。

第二节 审辩性思维发展展望

审辩性思维是新时代院校教育的诉求，也是未来教学改革的必然需求。回顾审辩性思维发展史，布莱克（M. Black）、杜威（J. Dewey）、艾尼斯（R. H. Eenis）、麦裴克（J. E. McPeck）等人做出了显著的贡献，但审辩性思维作为一种高级心理活动，其机制十分复杂。对于大学本科教育而言，目前国内学生审辩性思维水平如何，学生的审辩性思维发展有何种规律，应该沿着怎样的路线去发展，通过何种教育手段使之到达较高的水平，都是亟待探讨的问题。目前，国外有关审辩性思维的理论研究比较成熟，实证资料相对丰富，为我们研究审辩性思维提供了借鉴。认为未来审辩性思维研究应该更加关注以下几个方向：

第一，审辩性思维（critical thing）作为一舶来品，国内研究多是在借鉴国外研究的基础上开展起来，下一步，应结合国人思维特质，挖掘传统文化中审辩性思维元素，积极构建本土化的审辩性思维内涵的解释。

第二，从研究方法来看，目前审辩性思维存在理论研究较多，实证研究匮乏的窘况。未来有关审辩性思维的研究方法应更多元化、规范化，强调定量研究与定性研究相结合，非实证性研究和实证性研究并存，尽可能多的采用叙事研究、访谈研究等多种研究方法。

第三，在审辩性思维测评工具方面，我们缺乏适合国人的科学的、权威的测量工具，目前大多测评工具是直接从国外翻译过来的，有的仅仅是做了部分内容的修订，其效度、信度方面都待进一步提高。

第四，审辩性思维研究的领域相对较窄，目前涉及的领域主要有哲学、心理学、教育学、医学，其他领域则很少甚至没有涉及。在研究对象上，研究关注点多为学生，其他社会人士的审辩性思维研究则没有受到重视。

审辩性思维教育理念在西方有着深广的历史渊源，在教育领域的实践也有近百年历史。在我国长达数千年的历史中，虽然荀子、墨子、王充、顾炎武、王夫之等人思想包含审辩性思维的元素，但一直未成体系，只算是浩瀚夜空的几点星光。在 21 世纪的学校教育中，思维能力的训练，其意义不亚于一次新的"扫盲"运动，把失落于几千年的审辩性思维能力还给每一个中国人，有必要指出的是，审辩思维的培养目标不应该局限于学校课堂上的审辩性思考，而是对生活中方方面面的审辩性思考，这是 21 世纪中国教育工作者的重要使命。

附　　录

一、加利福尼亚审辩性思维倾向问卷

该问卷（见附表1）用于调查您的审辩性思维倾向情况，观点没有对错之分，仅供学术研究之用。下面是审辩性思维能力在性格上所表现出来的一些特质。它们当中有些特质可能是你非常赞同的，有些特质可能是你非常不赞同的，请根据你自己的情况来判定它们。先仔细看清每一项特质，并确信你已经理解了它的含义，然后在相应的字母上打勾，以表示你对该项目的赞同程度，并将其涂在答题卡上。

附表1　加利福尼亚审辩性思维倾向问卷

题　　目	强烈同意	同意	基本同意	不太同意	不同意	非常不同意
1. 面对有争议的论题，要从不同的见解中选择一个，是极不容易的	A	B	C	D	E	F
2. 对某件事如果有多个理由赞同，而只有一个理由反对，我会选择赞同这件事	A	B	C	D	E	F
3. 即使有证据与我的想法不符，我也会坚持我的想法	A	B	C	D	E	F
4. 处理复杂的问题时，我感到惊惶失措	A	B	C	D	E	F
5. 当我表达自己的意见时，完全保持客观是不可能的	A	B	C	D	E	F
6. 我只会寻找一些支持我看法的证据，而不会去找一些反对我看法的证据	A	B	C	D	E	F
7. 在很多时候，面对问题我会害怕去寻找事实的真相	A	B	C	D	E	F
8. 既然我已经做出决定，我便不会考虑其他的选择	A	B	C	D	E	F
9. 在面对许多问题时，我不知道该用什么标准来衡量	A	B	C	D	E	F
10. 人类的经验是验证真理的唯一标准	A	B	C	D	E	F
11. 了解别人对事物的想法，对我来说是重要的	A	B	C	D	E	F
12. 我正尝试少做主观的判断	A	B	C	D	E	F
13. 研究其他人的新想法是很有意义的	A	B	C	D	E	F
14. 当面对困难时，要考虑事件所有的可能性，这对我来说是不可能做到的	A	B	C	D	E	F

题　目	强烈同意	同意	基本同意	不太同意	不同意	非常不同意
15. 在小组讨论时，若某人的见解被其他人认为是错误的，他就不应该继续发表他的意见	A	B	C	D	E	F
16. 西方人应该学习东方的文化，而不是要我们去了解他们的文化	A	B	C	D	E	F
17. 他人不应该强迫我去为自己的意见作辩解	A	B	C	D	E	F
18. 对不同的世界观（例如：进化论、有神论）持开放态度，并不是那么重要	A	B	C	D	E	F
19. 各人有权利发表他们的意见，但我不会理会他们	A	B	C	D	E	F
20. 我不会怀疑众人都认为是正确的事	A	B	C	D	E	F
21. 当他人只用不太可靠的论据来证明自己的观点，我会感到着急	A	B	C	D	E	F
22. 我的信念都必须有依据	A	B	C	D	E	F
23. 要反对别人的意见，要有理由	A	B	C	D	E	F
24. 我发现自己喜欢评估别人的论点	A	B	C	D	E	F
25. 我可以算是个分析问题有逻辑的人	A	B	C	D	E	F
26. 处理难题时，首先要弄清问题的症结所在	A	B	C	D	E	F
27. 我善于有条理地去处理问题	A	B	C	D	E	F
28. 我并不是一个很有逻辑的人，但却常常装作有逻辑	A	B	C	D	E	F
29. 我不会确定哪一个方法是较好的解决方法	A	B	C	D	E	F
30. 生活的经验告诉我，处事不必太有逻辑	A	B	C	D	E	F
31. 我总会先分析问题的重点所在，然后才解答它	A	B	C	D	E	F
32. 我很容易整理自己的思维	A	B	C	D	E	F
33. 我善于策划一个系统的计划去解决复杂的问题	A	B	C	D	E	F
34. 我经常反复思考在实践和经验中的对与错	A	B	C	D	E	F
35. 我的注意力很容易受到外界环境影响	A	B	C	D	E	F
36. 我可以不断谈论某一问题，但不在乎问题是否得到解决	A	B	C	D	E	F
37. 当我看见新产品的说明书复杂难懂时，我便放弃继续阅读下去	A	B	C	D	E	F
38. 人们说我作决定时过于冲动	A	B	C	D	E	F
39. 人们说我作决定时犹豫不决	A	B	C	D	E	F
40. 我对争议性话题的意见，大多跟随最后与我谈论的人的意见	A	B	C	D	E	F

题　目	强烈同意	同意	基本同意	不太同意	不同意	非常不同意
41. 我欣赏自己拥有精确的思维能力	A	B	C	D	E	F
42. 需要思考而非全凭记忆作答的测验较适合我	A	B	C	D	E	F
43. 我的好奇心和求知欲受到别人欣赏	A	B	C	D	E	F
44. 面对问题时，因为我能做出客观的分析，所以同伴会找我商量	A	B	C	D	E	F
45. 对自己能够想出有创意的选择，我很满足	A	B	C	D	E	F
46. 许多人与我一起做决定时，其他人期待我来做出决定	A	B	C	D	E	F
47. 我的求知欲很强	A	B	C	D	E	F
48. 我很满足于自己能够理解其他人的观点	A	B	C	D	E	F
49. 当问题变得棘手时，其他人会期待我继续处理	A	B	C	D	E	F
50. 我害怕在课堂上提问	A	B	C	D	E	F
51. 研究新事物能使我的人生更丰富	A	B	C	D	E	F
52. 当面对一个重要抉择前，我会先尽力搜集一切有关的资料	A	B	C	D	E	F
53. 我期待去面对富有挑战性的事物	A	B	C	D	E	F
54. 解决难题是富有趣味性的	A	B	C	D	E	F
55. 我喜欢去发现事物的奥秘	A	B	C	D	E	F
56. 无论什么话题，我都渴望知道更多相关的内容	A	B	C	D	E	F
57. 我会尽量去学习每一样东西，即使我不知道它们何时有用	A	B	C	D	E	F
58. 学校里大部分的课程是枯燥无味的，不值得去选修	A	B	C	D	E	F
59. 学校里的必修科目是浪费时间的	A	B	C	D	E	F
60. 主动尝试去解决各样的难题，并非那么重要	A	B	C	D	E	F
61. 最好的论点，往往来自对某个问题的直觉	A	B	C	D	E	F
62. 所谓真相，不外乎是个人的看法	A	B	C	D	E	F
63. 付出高的代价（例如：金钱、时间、精力），便一定能换取更好的意见	A	B	C	D	E	F
64. 当我持开放的态度，便不知道什么是真，什么是假	A	B	C	D	E	F
65. 如果可能的话，我会尽量避免阅读	A	B	C	D	E	F
66. 对我自己所相信的事坚信不疑	A	B	C	D	E	F
67. 用"比喻"去理解问题，像在公路上驾驶小船，是没有意义的	A	B	C	D	E	F
68. 解决难题的最好方法是请教别人	A	B	C	D	E	F

题　　目	强烈同意	同意	基本同意	不太同意	不同意	非常不同意
69. 事物的本质和它的表象是一致的	A	B	C	D	E	F
70. 有权势的人所作的决定便是正确的决定	A	B	C	D	E	F

二、加利福尼亚审辩性思维技能测试问卷

请您仔细阅读每道题目，从给出的选项中选择最合适的答案涂写在答题卡上。这套测试题共有 34 道小题，每道题的分值一样。谢谢您的合作！

1. 某座城市几支业余足球队的实力据说旗鼓相当，但事实上有些队稍强，有些队稍弱。假设上星期六烟花队战胜了野花队，又假设上上星期六野花队战胜了野马队，那么，下星期六烟花队与野马队比赛，会发生什么结果？

　　A. 烟花队一定会赢　　　　　　　　B. 烟花队很可能赢，也可能输

　　C. 烟花队很可能输，也可能赢　　　D. 烟花队一定输

　　E. 比赛将以平局告终

2. 思考这个论断："即使是托马斯·杰弗逊，有时也使用托词。"它与下列理由有关："毕竟，每个政客都必须讨好选民。杰弗逊是伟大的政治家，但也是政客。至少在有些场合，不使用托词就不能讨好选民。"假如所有理由是真的，该论断：

　　A. 不可能假　　　　　　　　　　　B. 很可能真，也可能假

　　C. 很可能假，也可能真　　　　　　D. 不可能真

3. 假如"只有那些寻求挑战和冒险的人才应当参军"为真，下列哪个选项表达了同样的意思？

　　A. 如果你寻求挑战和冒险，你就应当参军

　　B. 如果你参军，你应当寻求挑战和冒险

　　C. 除了参军，你不应当寻求挑战和冒险

　　D. 你不应当参军，除非你寻求挑战和冒险

4. Tay-Sachs 是一种遗传病。这种病的基因能从携带病毒的父母那里遗传给亲生子女。下图显示 Tay-Sachs 遗传的可能模式。如果父母双方都是 Tay-Sachs 携带者，其子女约有 75% 的机会被感染。遗传可能性是：父母双方都是 Tay-Sachs 携带者，子女的携带机会是 50%，真正得病的机会是 25%。假如已婚的哈卫和莎兰想要孩子，在做 Tay-Sachs 检测时他们首次得知他俩都是 Tay-Sachs 携带者，根据这里提供的信息，可以判断：

　　A. 他们的亲生子女或者患 Tay-Sachs 病，或者是 Tay-Sachs 携带者

B. 尽管风险很大，他们的孩子还是有可能不被感染

C. 他们考虑到这种风险，决定不怀孩子

D. 他们还想做父母，从而决定收养一个孩子

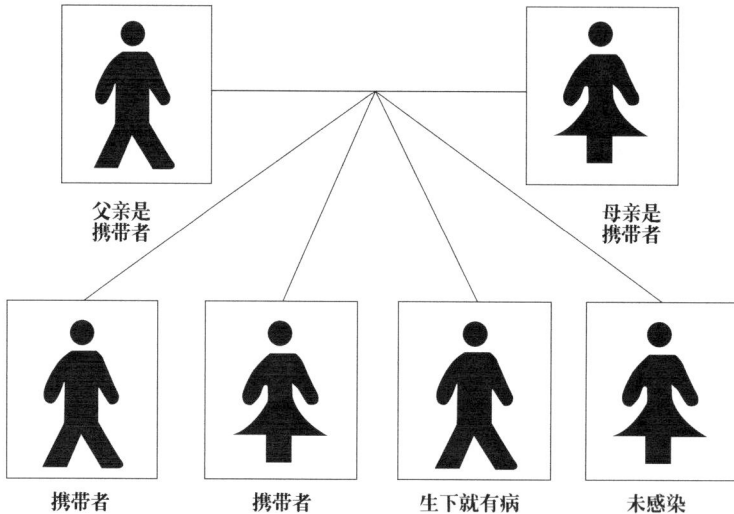

父亲是携带者　　　　母亲是携带者

携带者　　　　携带者　　　　生下就有病　　　　未感染

5. "爱泽琳尼亚人说谎"等同于下列哪个说法？

A. 只要谁是爱泽琳尼亚人，谁就是说谎者

B. 如果谁是说谎者，谁就是爱泽琳尼亚人

C. 至少有一个说谎的爱泽琳尼亚人

D. 人们不会说谎，除非他们是爱泽琳尼亚人

E. 以上说法都是一个意思

6. "并不是所有候选人都有资格胜任"表达的意思相当于：

A. 没有一个候选人有资格胜任　　　　B. 有些候选人没有资格胜任

C. 有资格胜任的不是候选人　　　　D. 所有候选人都没有资格胜任

7. 有一个段落："这个池塘里的微生物是一种通常只在高于冰点的水里繁殖的微生物。现在是冬季，池塘已完全结冰。因此，如果这个池塘里有我们研究的这种微生物，它们现在不繁殖。"假如其中的理由都为真，其中的结论：

A. 不可能不正确　　　　B. 很可能正确，但也可能不正确

C. 很可能不正确，但也可能正确　　　　D. 不可能正确

8. 思考这一组命题："尼罗是公元一世纪时的罗马皇帝。每个罗马皇帝都饮酒，他们饮酒时用的酒具一律是焊锡（锡铅合金）做的酒壶和酒杯。无论谁使用焊锡酒具饮酒，哪怕只有一次，也会导致铅中毒。铅中毒的症状总是表现为精神错乱。"如果以上所有命题为真，下列哪项哪个一定为真？

A. 那些精神错乱者至少使用过一次焊锡酒具

B. 不论怎样，尼罗皇帝一定精神错乱

C. 使用焊锡是罗马皇帝的特权

D. 在罗马帝国时代的居民中，铅中毒很常见

9. 根据下图提示，如果你正在有十层高的旅馆大楼第四层的某个房间里看电视，突然听到火警警报，你最好是：

A. 从楼梯出去　　　　B. 睡觉　　　　　　C. 从电梯出去

D. 待在房间里　　　　E. 摸门的温度

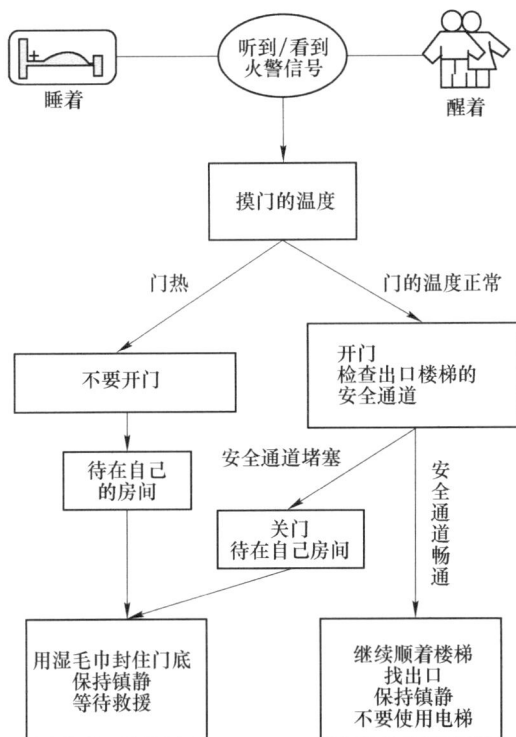

10. 假如火警声把你吵醒，你摸了门，温度正常。接着，你出来检查了走廊。在靠近每个门口的走廊地板上，都放着一份叠好的早报。在隔壁门口你看到托盘上放着一些玻璃杯、酒杯和一撮脏盘子。你还看到几个人拎着衣箱不慌不忙地乘电梯下楼。再假设电梯比楼梯离你的房间更近。在这种情况下，你最好是：

A. 从楼梯出去　　　　B. 待在房间　　　　　C. 把东西装进箱子里

D. 乘电梯下楼　　　　E. 给服务台打电话咨询

11. "近来公司开设了许多新的、职能非常具体化的部门。这证明公司对使用更复杂的方式打入市场很感兴趣。"这段话省略了：

A. 结论："在打入市场方面，公司将很快做得更好"

B. 结论："管理层想用新的方式打入市场"

C. 前提："在开设这些新部门之前，公司没能打入市场"

D. 前提：" 这些新部门正在为用复杂的新方式打入市场而工作"

E. 结论："公司存在的首要目的，即使不是唯一目的，是为其所有者谋益"

12. "州立大学对快乐时光学前班的研究表明，参加过为期9个月的全日制快乐时光学前班学习的孩子，在预备幼儿园学习的标准化测试中平均得分58分。该研究也表明，那些只在上午上学、为期9个月的4岁孩子，其平均成绩为52分；只在下午上学、为期9个月的4岁孩子，平均成绩为51分。第二个研究表明，参加过9个月全日制教会学前班的4岁孩子，在同样测试中平均成绩是54分。第三个研究的对象是那些没有上过学前班、来自低收入家庭的孩子，他们在同样的测试中平均成绩是32分。32分同其他分数的差异是显著的。根据这些数据，初步得到的最可能的科学假设是：

A. 一个得到50分或更高分的孩子已经为幼儿园学习做好了准备

B. 在一个看似为真的假设得出之前，需要更多的测试

C. 参加学前班与预备幼儿园学习没有联系

D. 应该有资金支持4岁孩子参加学前班

E. 参加学前班与预备幼儿园学习有联系

13. 思考这段短文："（1）1926年波兰不是君主国。（2）的确，许多欧洲历史学家认为第一次世界大战标志着欧洲君主国的灭亡。（3）事隔一代以后，当二次世界大战开始时，欧洲或者西半球除了那些纯粹形式上的君主国，君主国实质上已经不复存在。（4）然而，没有认真考虑中东的情况就认为我们目睹了君主统治的终结，这种想法是错误的。"以上短文最好被表述为：

A. 有证明（1）为真的意图　　　　　B. 有证明（2）为真的意图

C. 有证明（3）为真的意图　　　　　D. 有证明（4）为真的意图

E. 没有证明意图，所以上述任何一个都不是

14、15题请依据以下虚构的情景：

某所大学正好有7个学生俱乐部：1、2、3、4、5、6和7。校长必须从5个不同的俱乐部挑选5名俱乐部成员担任重要委员。任何一个5人组合必须同时满足下列条件：如果从第1个俱乐部选人，第5个就不能选；如果从第3个选人，第5个也必须选；如果第2个有人入选，第6个也必须有人入选。

14. 下面是委员会成员的五种可能组合，哪个组合同时满足所有条件？

A. 1、2、4、5、6　　　　　　　　　B. 2、3、4、5、6

C. 2、3、4、6、7　　　　　　　　　D. 1、4、5、6、7

E. 1、2、3、6、7

15. 假如校长不准备从俱乐部7中选人，那么，哪个俱乐部的成员也不能入选？

A. 5　　　　　B. 4　　　　　C. 3　　　　　D. 2　　　　　E. 1

16. 自从 1989 年阿拉斯加州艾克森油轮失事和 1991 年中东战争以来，喷气式飞机燃料的费用显著增长。与此同时，石油的几种衍生物的价格也急剧增长。这两个事实证明喷气机燃料是：

A. 好思维，因为喷气机燃料是石油衍生物

B. 好思维，但并非所有事实都表述准确

C. 坏思维，食物的费用同时也在上涨，但这不能证明喷气机燃料是食物

D. 坏思维，假设有关石油衍生物的情况是事实，不能得出关于喷气机燃料的任何结论

17. "黎明时分，克里斯托夫·约瑟夫静静地坐在那儿，鼻子贴在卧室的凉玻璃窗上。他热切期望这时是清晨，这样他就能出去打棒球了。他专心致志地盼着太阳出来。在这样期望的时候，天空开始发亮了。他继续期望着，确实，太阳移出了地平线，升到了清晨的天空中。他对自己很自豪，克里斯托夫想着所发生的一切，断定他有能力把所有寒冷、寂寞的夜晚变成明亮、快乐的夏日白天，只要他想要。对克里斯托夫推理的最好评价是：

A. 差，在他期望之后发生的事情并不意味着因为他期望而发生了

B. 差，无论他期望与否，地球都绕着太阳转

C. 好，克里斯托夫才是个孩子

D. 好，他有什么证据证明，要是他不期望的话就不会发生这一切

18. 假如有位植物学家在做有关园林植物的演讲时说："玫瑰有许多颜色。"下述哪个是对这一论断的最好解释？

A. 有一种玫瑰，它不止一种颜色

B. 有一种不止一种颜色的东西，它是玫瑰

C. 所有的玫瑰都不止一种颜色

D. 并非每一种玫瑰都是同样颜色

E. 以上都是同样可接受的解释

19. "对于死刑，看来有两个流行的论证支持它。一个是对死亡的恐惧将会阻止其他人犯同样可怕的罪行。第二个是死刑比其替代者——终身监禁显得更节约。但是，到目前为止，每项已经实施的科学研究都表明经济现实强烈支持终身监禁。通常认为死刑省钱的人们并不改变经济事实！所以，死刑应当废除。"对说话者推理的最佳评价是：

A. 差，它没有表明相关的公众意见

B. 差，它没有提及对阻止他人犯罪的论证

C. 好，它表明死刑应当废除

D. 好，但对废除死刑的论证实际上是错误的

20. 有段落："特利，别担心！将来某一天你会毕业的。你是个大学生，对

吧？所有的大学生都迟早会毕业的。"假如所有支持性的陈述为真，其结论：

    A. 不可能假   B. 很可能真，但也可能假

    C. 很可能假，但也可能真   D. 不可能真

21. 桌子上有三张三角形卡片。每张两面都印着一个大写的英文字母。为了证明论断："如果一面印着字母 K，则另一面印着字母 B，一定为真。"你必须翻看哪几张卡片？

    A. 只翻看第 1 张

    B. 只翻看第 2 张

    C. 1、2、3 张都翻看

    D. 翻看第 1、2 张，不翻看第 3 张

    E. 翻看第 2、3 张，不翻看第 1 张

22. 对蒙福德中学学生的研究发现，在每天喝 2 瓶啤酒、持续 60 天的那些学生中，75% 的人明显出现肝功能退。因此，这些结果是碰巧发生的看法已被实验高信度地排除了。如果这是真的，蒙福德中学的信息会证实

    A. 饮酒与青少年肝功能退化呈现统数据上的相关性

    B. 饮酒导致青少年肝功能退化

    C. 在酒精与肝功能退化的关系中，性别不是一个因素

    D. 研究者想用亲自掌握的证据证明年轻人不应该饮酒

    E. 对饮酒年龄加以限制的法律已经过时，应当修改

23. 思考这个论证："L 比 X 矮，Y 比 L 矮，但 M 比 Y 矮。因此，Y 比 J 矮。"假如所有的前提为真，必须加上什么信息，才能使结论为真？

    A. L 比 J 高   B. X 比 J 高   C. J 比 L 高   D. J 比 M 高

24. "一副 52 张的标准扑克牌刚好包括 4 张国王（K）、4 张皇后（Q）和 4 张丑角（J）。为方便起见，我们称这 12 张是花牌。其他的牌从 A 到 10 用数字标识。出于需要，我们称之为数字牌。现在，假设你手里拿着一副洗好的 52 张的标准扑克牌。根据已知情况，我们可以得出结论：在这 52 张牌里，有 4 张丑角、4 张皇后和 4 张国王。"对作者证明结论的方式最恰当的评价是：

A. 差，如同说"天空是蓝色的，因为它是蓝色的一样，没有证明任何东西。"

B. 好，结论是对已知事实的精确复述

C. 好，推理充分考虑了这副标准扑克牌里的每张牌

D. 差，结论没有考虑到抽掉一张花牌的可能性

25. "保密是医生和病人之间关系很重要的一项内容。但是，保护无事者不被严重伤害也很重要。没有人能肯定地指出这两者哪个更重要一点。这会导致令人痛苦不堪的左右为难的窘境。例如，面对一起可疑的虐待儿童事件，医生知道病人要去伤害某人或被某人伤害，是保密还是把可疑的危险告知相关部门？医生会感到很为难。"对讲话者推理的最佳评估是：

A. 好思维，因为保密不能受损害

B. 好思维，因为在理论上，这些价值互相冲突

C. 坏思维，因为在实践中，医生确实在两种价值中做取舍

D. 坏思维，因为法律明文规定保护儿童的权益更为重要

26、27 两题相互联系。

26. 往返于机场与租车部的一部巴士限载 10 名乘客。现有 36 人在租车部等着去机场，有 14 人在机场等着去租车部。如果巴士从机场出发，再没有更多的人来乘车，巴士要在两处之间跑几个单程才能把这 50 人运到其目的地？

A. 5　　　　　B. 6　　　　　C. 7　　　　　D. 8

27. 巴士从机场往租车部的第二轮运送开始后，另有 25 人到达机场的巴士停靠点，等着乘车到租车部。现在巴士需要多跑几个单程才能把这增加的 25 人送达目的地？

A. 0　　　　　B. 1　　　　　C. 2　　　　　D. 3

28～30 题，与下列两个"员工乘车上班计划"的饼图有关。

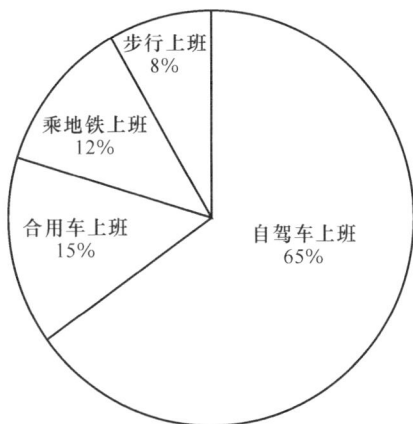

第一次调查

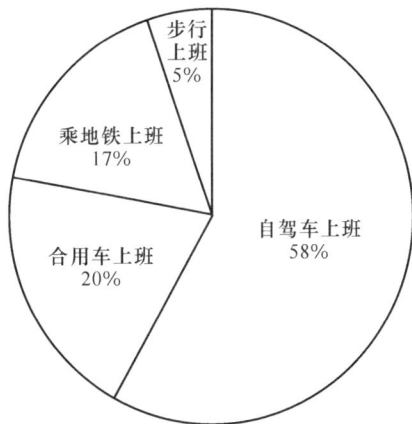

第二次调查

28. 从第一次调查到一年以后的情况来看，自驾车上班的员工比例减少到了：

A. 最初人数的 89%　　　　　　　　B. 最初人数的 93%

C. 与使用地铁和合用车的增长比例一致　　D. 与步行上班下降的比例一致

29. 使用合用车的增长幅度最恰当地表述为：

A. 增长了 33%

B. 增长了 25%

C. 有 5% 的员工由自驾车上班改为使用合用车上班

D. 比乘地铁上班员工的增长幅度大

30. 从第一次调查得出数据一星期后，公司制定了一项激励措施，鼓励员工使用合用车，并用乘地铁来代替自驾车。下列哪种情况与调查的数据最不一致？

A. 自驾车上班的员工大幅减少

B. 鼓励使用合用车和地铁的激励措施似乎开始起作用

C. 乘地铁的员工比例增加了

D. 以前步行的员工，现在近一半乘地铁上班

31. 假如不管什么时候下雪，街道和人行道都又湿又滑。在此假设下，下列哪种情况一定为真？

A. 如果人行道是湿的或滑的，那么在下雪

B. 如果不下雪，则街道和人行道不滑

C. 如果人行道湿，或街道滑则在下雪

D. 如果人行道滑，但街道干，则没在下雪

E. 天在下雪，人行道湿，而且街道滑

32~34 题基于下列被告知解雇某人的情景：

尽管你已吩咐过助手，他还是没有把一个重要包裹寄出。你得知包裹没有寄到目的地。起初，在你询问助手包裹一事时，他很恼怒，坚持说他已经按时寄出了。但是最终他意识到你不相信。然后他说他放错了地方，并找借口说这是由于当时正忙着做你要他做的所有其他事情的缘故。两小时后他来到你面前，说包裹压在一堆东西下面，现在已经邮往目的地了。对此，你不知如何是好，便去征求上司的意见。上司说："把他解雇了。"你不同意，说："我认为弄丢了包裹犯不着炒鱿鱼，再说，正如我们与工会订立的劳务合同所要求的那样，在没有事先对他提出书面警告的情况下，我们不能解雇他。"上司回答道："不管怎样，把他解雇。你这样做时，必须告诉他坚持解雇他的是你。"

32. 思考以下陈述：如果由于解雇助手造成可能违反合同的麻烦，你的上司希望能够说这是你的想法而不是她的想法。结合以上情景，这一描述

A. 肯定符合实情

B. 可能符合实情，但也可能不符合

C. 难以置信，但也可能是实情

D. 肯定不符合实情

33. 没有跟你在一起工作的一位朋友告诉你："暂时别管什么工会合同，你有充足的理由解雇助手：他撒谎；他邋遢并丢掉了重要物品；当他找到包裹又推迟寄出时，也不跟你打个招呼。"朋友的推理是：

A. 差，因为朋友不知道你办公室里工作的实际情况

B. 差，因为朋友没有给助手自我辩护的机会

C. 好，因为助手的差劲工作损坏了你的工作和名声

D. 好，因为助手的所作所为的确不符合工作的标准方式

34. 你12岁大的女儿对你说："因此，如果你解雇了助手，你将与工会发生麻烦；但是如果你不解雇他，你将和上司发生麻烦！无论如何，你总会陷入麻烦中。"女儿的推理是：

A. 差，因为不能指望一个12岁的孩子了解事情真相

B. 差，因为你不能确定工会将会怎么做

C. 好，因为眼下似乎没有其他选择

D. 好，因为你总是有权选择辞职

三、审辩性思维调查问卷告知书

同学你好！

在日常学习、工作和生活中，审辩性思维发挥着非常重要的作用。当今许多重要考试，如公务员考试、工商管理硕士考试、托福考试等，都要考查这种能力。约十年前，召开的国际高等教育会议将培养学生的审辩性思维能力列为高等教育改革的主要目标，现已成为核心素养的重要组成部分。为了解当前高等院校本科生审辩性思维的状况，给我高等院校教育改革提供决策的客观依据，我们专门组织本次调查。

本次调查包括倾向和能力测评两个部分，其中倾向测评共70题，能力测评34题。调查获得的资料仅供研究之用，不作为考评大家审辩性思维倾向和能力的依据，也没有其他用途。本次调查也可以当作对大家审辩性思维能力的一次实际训练。请认真解答，并根据答题卡上的要求填写有关信息。

四、独立样本检验

附表 2　独立样本检验

题项	假设	莱文方差等同性检验		平均值等同性 t 检验					差值95%置信区间	
		F 值	显著性	t 值	自由度	显著性（双尾）	平均值差值	标准误差差值	下限	上限
第1题	假定等方差	11.060	0.001	4.894	192	0.000	0.943	0.193	0.563	1.323
	不假定等方差			4.854	173.472	0.000	0.943	0.194	0.560	1.326
第2题	假定等方差	0.314	0.576	5.768	192	0.000	1.011	0.175	0.665	1.357
	不假定等方差			5.757	189.063	0.000	1.011	0.176	0.665	1.358
第3题	假定等方差	0.319	0.573	3.111	192	0.002	0.561	0.180	0.205	0.917
	不假定等方差			3.098	184.496	0.002	0.561	0.181	0.204	0.919
第4题	假定等方差	16.591	0.000	11.375	192	0.000	1.645	0.145	1.360	1.930
	不假定等方差			11.552	160.777	0.000	1.645	0.142	1.364	1.926
第5题	假定等方差	14.105	0.000	5.888	192	0.000	1.045	0.177	0.695	1.395
	不假定等方差			5.836	171.661	0.000	1.045	0.179	0.691	1.398
第6题	假定等方差	16.397	0.000	10.159	192	0.000	1.704	0.168	1.373	2.035
	不假定等方差			10.242	184.509	0.000	1.704	0.166	1.376	2.032
第7题	假定等方差	19.231	0.000	9.568	192	0.000	1.373	0.143	1.090	1.655
	不假定等方差			9.732	154.384	0.000	1.373	0.141	1.094	1.651
第8题	假定等方差	20.975	0.000	-0.148	192	0.882	-0.031	0.208	-0.441	0.380
	不假定等方差			-0.147	165.819	0.884	-0.031	0.210	-0.446	0.384
第9题	假定等方差	17.618	0.000	10.033	192	0.000	1.583	0.158	1.272	1.894
	不假定等方差			10.114	184.866	0.000	1.583	0.157	1.274	1.892
第10题	假定等方差	0.022	0.883	2.282	192	0.024	0.504	0.221	0.068	0.940
	不假定等方差			2.278	189.467	0.024	0.504	0.221	0.068	0.941
第11题	假定等方差	0.058	0.810	2.665	192	0.008	0.442	0.166	0.115	0.769
	不假定等方差			2.656	186.817	0.009	0.442	0.166	0.114	0.770
第12题	假定等方差	9.950	0.002	2.130	192	0.034	0.417	0.196	0.031	0.803
	不假定等方差			2.107	165.872	0.037	0.417	0.198	0.026	0.808
第13题	假定等方差	12.897	0.000	6.243	192	0.000	0.897	0.144	0.613	1.180
	不假定等方差			6.304	180.359	0.000	0.897	0.142	0.616	1.178
第14题	假定等方差	3.566	0.060	7.986	192	0.000	1.434	0.180	1.080	1.788
	不假定等方差			8.003	191.992	0.000	1.434	0.179	1.080	1.787

题项	假设	莱文方差等同性检验		平均值等同性 t 检验					差值95%置信区间	
		F 值	显著性	t 值	自由度	显著性（双尾）	平均值差值	标准误差差值	下限	上限
第15题	假定等方差	58.986	0.000	9.014	192	0.000	1.115	0.124	0.871	1.359
	不假定等方差			9.225	129.199	0.000	1.115	0.121	0.876	1.355
第16题	假定等方差	3.320	0.070	6.346	192	0.000	0.940	0.148	0.648	1.232
	不假定等方差			6.360	191.979	0.000	0.940	0.148	0.648	1.232
第17题	假定等方差	4.544	0.034	−1.101	192	0.272	−0.186	0.169	−0.520	0.148
	不假定等方差			−1.091	172.470	0.277	−0.186	0.171	−0.524	0.151
第18题	假定等方差	6.025	0.015	7.934	192	0.000	1.393	0.176	1.046	1.739
	不假定等方差			7.967	191.025	0.000	1.393	0.175	1.048	1.737
第19题	假定等方差	4.764	0.030	6.387	192	0.000	1.003	0.157	0.693	1.313
	不假定等方差			6.423	189.369	0.000	1.003	0.156	0.695	1.311
第20题	假定等方差	1.244	0.266	8.728	192	0.000	1.207	0.138	0.934	1.480
	不假定等方差			8.748	191.978	0.000	1.207	0.138	0.935	1.479
第21题	假定等方差	30.260	0.000	−1.688	192	0.093	−0.328	0.194	−0.710	0.055
	不假定等方差			−1.666	156.321	0.098	−0.328	0.197	−0.716	0.061
第22题	假定等方差	7.626	0.006	2.220	192	0.028	0.411	0.185	0.046	0.777
	不假定等方差			2.203	174.762	0.029	0.411	0.187	0.043	0.780
第23题	假定等方差	2.515	0.114	4.771	192	0.000	0.618	0.130	0.363	0.874
	不假定等方差			4.810	184.522	0.000	0.618	0.129	0.365	0.872
第24题	假定等方差	17.069	0.000	0.311	192	0.756	0.058	0.186	−0.309	0.425
	不假定等方差			0.308	168.592	0.759	0.058	0.188	−0.313	0.429
第25题	假定等方差	7.503	0.007	9.297	192	0.000	1.055	0.114	0.831	1.279
	不假定等方差			9.396	177.851	0.000	1.055	0.112	0.834	1.277
第26题	假定等方差	18.532	0.000	7.171	192	0.000	0.627	0.087	0.455	0.800
	不假定等方差			7.291	155.768	0.000	0.627	0.086	0.457	0.797
第27题	假定等方差	0.013	0.911	9.855	192	0.000	1.139	0.116	0.911	1.366
	不假定等方差			9.855	191.293	0.000	1.139	0.116	0.911	1.366
第28题	假定等方差	8.388	0.004	10.667	192	0.000	1.634	0.153	1.332	1.936
	不假定等方差			10.745	186.521	0.000	1.634	0.152	1.334	1.934
第29题	假定等方差	26.981	0.000	9.571	192	0.000	1.523	0.159	1.209	1.837
	不假定等方差			9.677	176.411	0.000	1.523	0.157	1.213	1.834

续附表 2

题项	假设	莱文方差等同性检验		平均值等同性 t 检验					差值95%置信区间	
		F 值	显著性	t 值	自由度	显著性（双尾）	平均值差值	标准误差差值	下限	上限
第30题	假定等方差	8.898	0.003	7.291	192	0.000	1.225	0.168	0.894	1.557
	不假定等方差			7.342	186.916	0.000	1.225	0.167	0.896	1.555
第31题	假定等方差	0.122	0.727	7.126	192	0.000	0.951	0.133	0.688	1.214
	不假定等方差			7.111	188.774	0.000	0.951	0.134	0.687	1.215
第32题	假定等方差	10.372	0.002	9.753	192	0.000	1.316	0.135	1.050	1.582
	不假定等方差			9.848	180.754	0.000	1.316	0.134	1.052	1.579
第33题	假定等方差	3.417	0.066	11.358	192	0.000	1.470	0.129	1.215	1.726
	不假定等方差			11.399	191.461	0.000	1.470	0.129	1.216	1.725
第34题	假定等方差	6.843	0.010	7.690	192	0.000	1.000	0.130	0.744	1.257
	不假定等方差			7.767	179.712	0.000	1.000	0.129	0.746	1.254
第35题	假定等方差	0.344	0.558	9.030	192	0.000	1.656	0.183	1.294	2.017
	不假定等方差			9.020	190.194	0.000	1.656	0.184	1.294	2.018
第36题	假定等方差	1.579	0.210	5.511	192	0.000	0.989	0.179	0.635	1.342
	不假定等方差			5.521	191.994	0.000	0.989	0.179	0.635	1.342
第37题	假定等方差	19.890	0.000	10.772	192	0.000	1.804	0.167	1.474	2.134
	不假定等方差			10.879	180.151	0.000	1.804	0.166	1.477	2.131
第38题	假定等方差	6.100	0.014	7.893	192	0.000	1.304	0.165	0.978	1.630
	不假定等方差			7.931	190.398	0.000	1.304	0.164	0.980	1.628
第39题	假定等方差	12.401	0.001	10.107	192	0.000	1.656	0.164	1.333	1.979
	不假定等方差			10.172	188.119	0.000	1.656	0.163	1.335	1.977
第40题	假定等方差	2.857	0.093	6.763	192	0.000	1.114	0.165	0.789	1.439
	不假定等方差			6.774	191.983	0.000	1.114	0.164	0.790	1.438
第41题	假定等方差	0.839	0.361	6.501	192	0.000	0.986	0.152	0.687	1.285
	不假定等方差			6.487	188.850	0.000	0.986	0.152	0.686	1.286
第42题	假定等方差	6.707	0.010	6.080	192	0.000	0.910	0.150	0.615	1.206
	不假定等方差			6.123	186.685	0.000	0.910	0.149	0.617	1.203
第43题	假定等方差	1.145	0.286	8.609	192	0.000	1.203	0.140	0.928	1.479
	不假定等方差			8.584	187.317	0.000	1.203	0.140	0.927	1.480
第44题	假定等方差	3.832	0.052	9.143	192	0.000	1.156	0.126	0.907	1.406
	不假定等方差			9.191	189.828	0.000	1.156	0.126	0.908	1.404

题项	假设	莱文方差等同性检验		平均值等同性 t 检验					差值95%置信区间	
		F 值	显著性	t 值	自由度	显著性（双尾）	平均值差值	标准误差差值	下限	上限
第 45 题	假定等方差	2.703	0.102	4.683	192	0.000	0.680	0.145	0.394	0.967
	不假定等方差			4.692	191.998	0.000	0.680	0.145	0.394	0.966
第 46 题	假定等方差	0.001	0.982	8.245	192	0.000	1.145	0.139	0.871	1.419
	不假定等方差			8.251	191.713	0.000	1.145	0.139	0.871	1.419
第 47 题	假定等方差	4.179	0.042	10.113	192	0.000	1.125	0.111	0.906	1.345
	不假定等方差			10.202	183.198	0.000	1.125	0.110	0.908	1.343
第 48 题	假定等方差	1.813	0.180	3.271	192	0.001	0.491	0.150	0.195	0.788
	不假定等方差			3.246	175.267	0.001	0.491	0.151	0.193	0.790
第 49 题	假定等方差	1.190	0.277	8.446	192	0.000	1.233	0.146	0.945	1.521
	不假定等方差			8.458	191.962	0.000	1.233	0.146	0.945	1.520
第 50 题	假定等方差	6.370	0.012	11.818	192	0.000	1.955	0.165	1.629	2.281
	不假定等方差			11.899	187.148	0.000	1.955	0.164	1.631	2.279
第 51 题	假定等方差	0.826	0.365	6.112	192	0.000	0.665	0.109	0.450	0.880
	不假定等方差			6.141	190.298	0.000	0.665	0.108	0.451	0.879
第 52 题	假定等方差	6.362	0.012	6.755	192	0.000	0.802	0.119	0.568	1.036
	不假定等方差			6.802	187.203	0.000	0.802	0.118	0.569	1.035
第 53 题	假定等方差	3.429	0.066	10.296	192	0.000	1.252	0.122	1.012	1.491
	不假定等方差			10.395	180.895	0.000	1.252	0.120	1.014	1.489
第 54 题	假定等方差	26.836	0.000	9.018	192	0.000	1.217	0.135	0.951	1.484
	不假定等方差			9.170	155.498	0.000	1.217	0.133	0.955	1.480
第 55 题	假定等方差	12.659	0.000	8.903	192	0.000	1.029	0.116	0.801	1.257
	不假定等方差			9.015	171.482	0.000	1.029	0.114	0.803	1.254
第 56 题	假定等方差	3.531	0.062	3.464	192	0.001	0.626	0.181	0.269	0.982
	不假定等方差			3.445	181.365	0.001	0.626	0.182	0.267	0.984
第 57 题	假定等方差	0.636	0.426	6.105	192	0.000	1.077	0.176	0.729	1.424
	不假定等方差			6.079	184.577	0.000	1.077	0.177	0.727	1.426
第 58 题	假定等方差	6.563	0.011	9.894	192	0.000	1.704	0.172	1.364	2.043
	不假定等方差			9.946	189.801	0.000	1.704	0.171	1.366	2.041
第 59 题	假定等方差	28.328	0.000	10.759	192	0.000	1.460	0.136	1.193	1.728
	不假定等方差			10.944	154.047	0.000	1.460	0.133	1.197	1.724

续附表 2

题项	假设	莱文方差等同性检验		平均值等同性 t 检验					差值95%置信区间	
		F 值	显著性	t 值	自由度	显著性（双尾）	平均值差值	标准误差差值	下限	上限
第 60 题	假定等方差	15.341	0.000	11.319	192	0.000	1.661	0.147	1.371	1.950
	不假定等方差			11.446	176.092	0.000	1.661	0.145	1.374	1.947
第 61 题	假定等方差	2.211	0.139	5.410	192	0.000	1.054	0.195	0.669	1.438
	不假定等方差			5.386	184.214	0.000	1.054	0.196	0.668	1.440
第 62 题	假定等方差	28.606	0.000	10.053	192	0.000	1.629	0.162	1.309	1.948
	不假定等方差			10.223	155.173	0.000	1.629	0.159	1.314	1.943
第 63 题	假定等方差	0.497	0.482	5.875	192	0.000	1.048	0.178	0.696	1.399
	不假定等方差			5.889	191.975	0.000	1.048	0.178	0.697	1.399
第 64 题	假定等方差	0.792	0.375	8.365	192	0.000	1.173	0.140	0.897	1.450
	不假定等方差			8.389	191.831	0.000	1.173	0.140	0.898	1.449
第 65 题	假定等方差	16.361	0.000	8.721	192	0.000	1.221	0.140	0.945	1.498
	不假定等方差			8.839	168.187	0.000	1.221	0.138	0.948	1.494
第 66 题	假定等方差	4.560	0.034	1.180	192	0.239	0.235	0.199	−0.158	0.629
	不假定等方差			1.173	180.878	0.242	0.235	0.201	−0.160	0.631
第 67 题	假定等方差	3.142	0.078	5.642	192	0.000	0.998	0.177	0.649	1.347
	不假定等方差			5.657	191.925	0.000	0.998	0.176	0.650	1.346
第 68 题	假定等方差	3.506	0.063	4.263	192	0.000	0.759	0.178	0.408	1.111
	不假定等方差			4.234	178.083	0.000	0.759	0.179	0.405	1.113
第 69 题	假定等方差	5.970	0.015	5.419	192	0.000	0.744	0.137	0.473	1.014
	不假定等方差			5.467	183.009	0.000	0.744	0.136	0.475	1.012
第 70 题	假定等方差	45.203	0.000	7.199	192	0.000	0.842	0.117	0.612	1.073
	不假定等方差			7.378	122.850	0.000	0.842	0.114	0.616	1.068

五、题项与总分相关表

附表 3　题项与总分相关表

题项	相关性	得分	题项	相关性	得分	题项	相关性	得分
第 1 题	皮尔逊相关性	0.304[①]	第 2 题	皮尔逊相关性	0.357[①]	第 3 题	皮尔逊相关性	0.182[①]
	显著性（双尾）	0.000		显著性（双尾）	0.000		显著性（双尾）	0.001
	个案数	345		个案数	345		个案数	345

题项	相关性	得分	题项	相关性	得分	题项	相关性	得分
第 4 题	皮尔逊相关性	0.617①	第 15 题	皮尔逊相关性	0.509①	第 26 题	皮尔逊相关性	0.385①
	显著性（双尾）	0.000		显著性（双尾）	0.000		显著性（双尾）	0.000
	个案数	345		个案数	345		个案数	345
第 5 题	皮尔逊相关性	0.273①	第 16 题	皮尔逊相关性	0.350①	第 27 题	皮尔逊相关性	0.582①
	显著性（双尾）	0.000		显著性（双尾）	0.000		显著性（双尾）	0.000
	个案数	345		个案数	345		个案数	345
第 6 题	皮尔逊相关性	0.528①	第 17 题	皮尔逊相关性	−0.054	第 28 题	皮尔逊相关性	0.552①
	显著性（双尾）	0.000		显著性（双尾）	0.321		显著性（双尾）	0.000
	个案数	345		个案数	345		个案数	345
第 7 题	皮尔逊相关性	0.534①	第 18 题	皮尔逊相关性	0.387①	第 29 题	皮尔逊相关性	0.547①
	显著性（双尾）	0.000		显著性（双尾）	0.000		显著性（双尾）	0.000
	个案数	345		个案数	345		个案数	345
第 8 题	皮尔逊相关性	0.037	第 19 题	皮尔逊相关性	0.339①	第 30 题	皮尔逊相关性	0.478①
	显著性（双尾）	0.495		显著性（双尾）	0.000		显著性（双尾）	0.000
	个案数	345		个案数	345		个案数	345
第 9 题	皮尔逊相关性	0.532①	第 20 题	皮尔逊相关性	0.456①	第 31 题	皮尔逊相关性	0.426①
	显著性（双尾）	0.000		显著性（双尾）	0.000		显著性（双尾）	0.000
	个案数	345		个案数	345		个案数	345
第 10 题	皮尔逊相关性	0.175①	第 21 题	皮尔逊相关性	−0.016	第 32 题	皮尔逊相关性	0.593①
	显著性（双尾）	0.001		显著性（双尾）	0.769		显著性（双尾）	0.000
	个案数	345		个案数	345		个案数	345
第 11 题	皮尔逊相关性	0.146①	第 22 题	皮尔逊相关性	0.155①	第 33 题	皮尔逊相关性	0.590①
	显著性（双尾）	0.007		显著性（双尾）	0.004		显著性（双尾）	0.000
	个案数	345		个案数	345		个案数	345
第 12 题	皮尔逊相关性	0.130②	第 23 题	皮尔逊相关性	0.310①	第 34 题	皮尔逊相关性	0.525①
	显著性（双尾）	0.015		显著性（双尾）	0.000		显著性（双尾）	0.000
	个案数	345		个案数	345		个案数	345
第 13 题	皮尔逊相关性	0.346①	第 24 题	皮尔逊相关性	0.084	第 35 题	皮尔逊相关性	0.502①
	显著性（双尾）	0.000		显著性（双尾）	0.122		显著性（双尾）	0.000
	个案数	345		个案数	345		个案数	345
第 14 题	皮尔逊相关性	0.450①	第 25 题	皮尔逊相关性	0.532①	第 36 题	皮尔逊相关性	0.384①
	显著性（双尾）	0.000		显著性（双尾）	0.000		显著性（双尾）	0.000
	个案数	345		个案数	345		个案数	345

续附表 3

题项	相关性	得分	题项	相关性	得分	题项	相关性	得分
第 37 题	皮尔逊相关性	0.553①	第 48 题	皮尔逊相关性	0.189①	第 59 题	皮尔逊相关性	0.531①
	显著性（双尾）	0.000		显著性（双尾）	0.000		显著性（双尾）	0.000
	个案数	345		个案数	345		个案数	345
第 38 题	皮尔逊相关性	0.448①	第 49 题	皮尔逊相关性	0.511①	第 60 题	皮尔逊相关性	0.564①
	显著性（双尾）	0.000		显著性（双尾）	0.000		显著性（双尾）	0.000
	个案数	345		个案数	345		个案数	345
第 39 题	皮尔逊相关性	0.545①	第 50 题	皮尔逊相关性	0.581①	第 61 题	皮尔逊相关性	0.326①
	显著性（双尾）	0.000		显著性（双尾）	0.000		显著性（双尾）	0.000
	个案数	345		个案数	345		个案数	345
第 40 题	皮尔逊相关性	0.413①	第 51 题	皮尔逊相关性	0.358①	第 62 题	皮尔逊相关性	0.525①
	显著性（双尾）	0.000		显著性（双尾）	0.000		显著性（双尾）	0.000
	个案数	345		个案数	345		个案数	345
第 41 题	皮尔逊相关性	0.418①	第 52 题	皮尔逊相关性	0.360①	第 63 题	皮尔逊相关性	0.340①
	显著性（双尾）	0.000		显著性（双尾）	0.000		显著性（双尾）	0.000
	个案数	345		个案数	345		个案数	345
第 42 题	皮尔逊相关性	0.330①	第 53 题	皮尔逊相关性	0.543①	第 64 题	皮尔逊相关性	0.511①
	显著性（双尾）	0.000		显著性（双尾）	0.000		显著性（双尾）	0.000
	个案数	345		个案数	345		个案数	345
第 43 题	皮尔逊相关性	0.468①	第 54 题	皮尔逊相关性	0.494①	第 65 题	皮尔逊相关性	0.454①
	显著性（双尾）	0.000		显著性（双尾）	0.000		显著性（双尾）	0.000
	个案数	345		个案数	345		个案数	345
第 44 题	皮尔逊相关性	0.543①	第 55 题	皮尔逊相关性	0.502①	第 66 题	皮尔逊相关性	0.167①
	显著性（双尾）	0.000		显著性（双尾）	0.000		显著性（双尾）	0.002
	个案数	345		个案数	345		个案数	345
第 45 题	皮尔逊相关性	0.327①	第 56 题	皮尔逊相关性	0.205①	第 67 题	皮尔逊相关性	0.329①
	显著性（双尾）	0.000		显著性（双尾）	0.000		显著性（双尾）	0.000
	个案数	345		个案数	345		个案数	345
第 46 题	皮尔逊相关性	0.468①	第 57 题	皮尔逊相关性	0.357①	第 68 题	皮尔逊相关性	0.284①
	显著性（双尾）	0.000		显著性（双尾）	0.000		显著性（双尾）	0.000
	个案数	345		个案数	345		个案数	345
第 47 题	皮尔逊相关性	0.496①	第 58 题	皮尔逊相关性	0.541①	第 69 题	皮尔逊相关性	0.320①
	显著性（双尾）	0.000		显著性（双尾）	0.000		显著性（双尾）	0.000
	个案数	345		个案数	345		个案数	345

题项	相关性	得分	题项	相关性	得分	题项	相关性	得分
第 70 题	皮尔逊相关性	0.405[①]	问卷总分	皮尔逊相关性	1			
	显著性（双尾）	0.000		显著性（双尾）				
	个案数	345		个案数	345			

① 在 0.01 级别（双尾），相关性显著。

② 在 0.05 级别（双尾），相关性显著。

后　记

　　恩格斯有一句名言："思维是世界上最美的花朵"，当前发展学生审辩性思维能力已经成为国际教育的重要共识。随着对审辩性思维研究的不断深入，我们越发有这样一种认识："审辩性思维不仅仅是一种最基本的学习工具，更是私人理性生活和公共社会民主的重要基础。"同时我们也越发地认识到，与发达国家教育相比，今日中国学校最缺乏的就是审辩性思维。

　　对于院校教学而言，学科教学该如何育人始终是每一位教育工作者不得不思考的问题。如何实现从"知识传输"到"全面育人"的转变；如何实现从"低效课堂"到"优质课堂"的转变；如何实现从"知识考核"到"能力检验"的转变，我们认为最有效的途径就是实施审辩性思维教学，具体而言就是以学科知识为载体，教师带领学生像科学家研究问题那样，谨慎的思考每一个问题，在仔细地推断、论证的基础上既获得了知识又培养了思维品质。

　　《高校本科生审辩性思维培养研究》一书是课题组成员集体智慧的结晶。本书在撰写过程中得到了许多专家和一线教师的重要指导与帮助，感谢全体参与问卷测试的同学们。

　　本书因部分受测院校要求，对相关数据进行了模糊处理，仅作参考。希望本书的出版对高等教育本科生审辩性思维研究有所帮助，期待与各位专家学者的交流！

作　者

2021 年 3 月